Winter Edition
2019-2020 vol.47

CONTENTS

封面攝影　回里純子
藝術指導　みうらしゅう子

以手作溫度，營造舒適的冬日氛圍。

04 作品INDEX

06 令人欣喜的聖誕節手作idea

11 物盡其用吧！
零碼布完全使用大作戰

20 合成皮革的大人風手作包

25 技法講座
環保皮草＆合成皮的
車縫方法與處理技法

31 美麗的進口布料
SWANY風手作包

37 便利！舒適！實用縫紉道具齊備！
坂內鏡子的裁縫間

40 從選線開始的布包製作
～製包專用車縫線＆MOCHITE～

44 赤峰清香專題企劃×編織提把
每天都想使用的私藏愛包

46 令人期待冬天的季節單品
ECOFUR環保皮草小物

48 くぼでらようこ老師
今天，要學什麼布作技巧？～ECOFUR環保皮草手袋～

50 令人心曠神怡的美麗刺繡
與LAURA ASHLEY相伴的生活日常

52 福田とし子handmade
享受換裝樂趣の布娃娃 Natashaの冬天信息

54 細尾典子の創意季節手作
～Happy！New Year～

56 有趣的俄羅斯刺繡！
凜冽寒風中，冬的針線活

64 製作方法

作品 INDEX

BAG

No.24
P.17・壓線托特包
作法｜P.83

No.22
P.16・雙層拉鍊小肩包
作法｜P.28・P.101

No.21
P.16・束口後背包
作法｜P.81

No.19
P.15・單柄束口包
作法｜P.79

No.17
P.14・束口提袋
作法｜P.77

No.12
P.12・圓環提把手袋
作法｜P.74

No.31
P.22・皮革提把托特包
作法｜P.89

No.30
P.21・合成皮革滾邊手提袋
作法｜P.88

No.29
P.20・雙層拉鍊小肩包
作法｜P.28

No.28
P.18・單柄手提袋
作法｜P.85

No.26
P.18・手挽口金手提包
作法｜P.86

No.25
P.18・拉鍊小肩包
作法｜P.84

No.36
P.33・拼接褶襉包
作法｜P.94

No.35
P.32・雙層方包
作法｜P.93

No.34
P.31・內口袋隔層托特包
作法｜P.92

No.33
P.24・束口後背包
作法｜P.91

No.32
P.23・百褶包
作法｜P.90

No.46
P.47・環保皮草束口包
作法｜P.104

No.45
P.46・環保皮草手提袋
作法｜P.104

No.43
P.45・編織提把托特包
作法｜P.102

No.42
P.40・掀蓋小包
作法｜P.101

No.39
P.39・波士頓包
作法｜P.97

No.38
P.34・圓弧托特包
作法｜P.96

POUCH

No.14
P.13・三角波奇包
作法｜P.76

No.13
P.12・束口袋
作法｜P.75

No.11
P.12・扁平波奇包
作法｜P.75

No.51
P.50・雙層拉鍊小肩包
作法｜P.28・P.101

No.48
P.48・環保皮草臉頰包
作法｜P.105

No.27
P.18・口罩&面紙套
作法｜P.87

No.23
P.17・壓線卡片套
作法｜P.82

No.20
P.15・眼鏡袋
作法｜P.80

No.18
P.15・迷你口金包
作法｜P.78

No.15
P.13・迷你波奇包
作法｜P.71

GOODS

No.01
P.06・聖誕節的迷你BOX
作法｜P.66

No.44
P.45・拉錬波奇包
作法｜P.102

No.40
P.39・繞縫袋口一圈拉錬的波奇包
作法｜P.98

No.37
P.33・方底波奇包
作法｜P.95

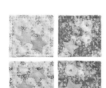

No.07
P.09・杯墊
作法｜P.72

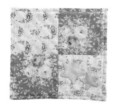

No.06
P.09・茶壺墊
作法｜P.72

No.05
P.09・茶壺保溫罩
作法｜P.73

No.04
P.08・聖誕襪
作法｜P.65

No.03
P.08・聖誕樹S・M・L
作法｜P.65

No.02
P.07・雪人
作法｜P.70

No.47
P.47・絨布坐墊
作法｜P.82

No.41
P.39・可摺式室內鞋
作法｜P.100

No.16
P.13・卡片本布套
作法｜P.76

No..10
P.10・聖誕球卡片
作法｜P.73

No.09
P.10・聖誕節小掛飾
作法｜P.69

No.08
P.09・餐墊
作法｜P.72

No.55
P.54・新春賀卡信插
作法｜P.110

No.53・54
P.52・Natasha娃娃主體
&頭髮&服裝
作法｜P.107・P.108

No.52
P.50・多功能萬用墊
作法｜P.106

No.50
P.50・隔熱手套
作法｜P.106

No.49
P.50・圍裙
作法｜P.113

看呀，聖誕老公公在盒蓋的圓形鏤空處探頭打招呼！

製作＝Jeu de Fils・高橋亜紀
（http://www.jeudefils.com）

No.
01 ITEM｜聖誕節的迷你BOX
作 法｜P.66

試著作一個精巧版的法式布盒吧！點綴上聖誕節或季節性元素就能完成美麗出色的單品，平常亦可作為針線盒使用。盒蓋內裡的小小花圈刺繡，詮釋出了滿心期待聖誕節到來的心情。

令人欣喜的聖誕節手作idea

歡樂的聖誕節即將來臨，
今年不如試著親手製作聖誕節小物吧？

攝影＝回里純子　造型＝西森 萌

福田とし子handmade連載「享受換裝樂
趣の布娃娃　Natashaの冬天信息」中，
Natasha也穿著粗呢短大衣登場囉！
→P.52

製作＝福田とし子
（https://pintactac.exblog.jp/）

No. 02

ITEM｜雪人
作法｜P.70

輕倚窗邊坐下的雪人，妝點上逗趣表
情的絨球臉蛋顯得格外可愛。展開小
樹枝製成的雙手，揚起三角旗，傳遞
出了聖誕節即將到來的喜悅心情。

No. 03

ITEM ｜聖誕樹
　　　S・M・L
作　法 ｜P.65

剔除繁多的裝飾，以簡單的圓錐造型呈現出大人風的聖誕樹感覺如何呢？由於縫合作業並不繁瑣，因此不妨多作兩至三種不同尺寸，自由搭配裝飾。只要在底部添加填充顆粒，即可穩定擺放。

左・**表布**＝（RP205 GR1） **中・表布**＝（AB8033-002） **右・表布**＝（AB8059-002）
※以上皆使用COTTON＋STEEL平織布。

製作＝ユキンコ

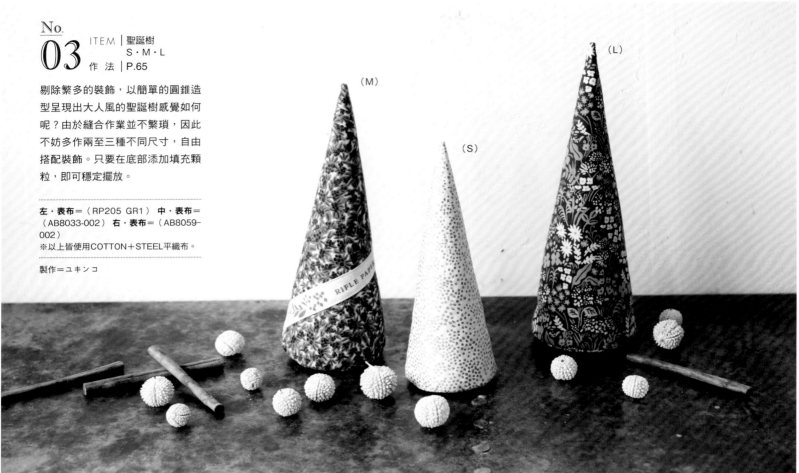

No. 04

ITEM ｜聖誕襪
作　法 ｜P.65

不論上一回的聖誕布置是多少年前，動手裝飾聖誕襪吧！拿出喜歡的壓箱布，以不同顏色製作才顯得繽紛歡樂！從掛上裝飾的那一天開始，期盼聖誕節到來的心情就令人無限歡喜。

左・**表布**＝（AB8033-001）
　　配布＝（RP203 NA1）
中・**表布**＝（RP200 REI）
　　配布＝（RP200 BU2）
右・**表布**＝（RP206 CO2）
　　配布＝（RP206 CR3M）
※以上皆使用COTTON＋STEEL平織布。

製作＝ユキンコ

No. 05
ITEM｜茶壺保溫罩
作法｜P.73

四方形拼接的茶壺保溫罩，思考布料的搭配也是一大樂趣。點綴於四處的星星圖案貼布縫則是點亮造型特色的小巧思。

表布＝（100206・Lydia Grey）**裡布**＝（120009・Dusty Rose）**配布A**＝（110001・Angel Scraps Grey／110004・Angel Scrap Mauve／110003・Angel Scraps Sand／110002・Angel Scraps Blush／100208・Birdsong Teal-green／110006・Sophie Blue／100205・Birdsong Dove White／100209・Lucy Teal Mist／100201・Lucy Red Rose／110005・Sophie Teal／100210・Eliza Grey／100220・Lydia Lavender）**配布B**＝（120012・Thistle）

No. 06
ITEM｜茶壺墊
作法｜P.72

令人想要與No.05茶壺保溫罩成套製作的茶壺墊。可墊在茶壺下方，亦或鋪在花瓶等小物的下方也相當好看。

表布＝（100206・Lydia Grey／100212・Lucy Blue Rose／100201・Lucy Red Rose／100213・Lydia Blue）**裡布**＝（100206・Lydia Grey）**配布**＝（12009・Dusty Rose／120003・Soft Teal）

No. 07
ITEM｜杯墊
作法｜P.72

與No.05・No.06茶壺套組為同系列的杯墊。也建議第一次進行四方形拼接的初學者，可先從這個小作品熟練作法。

左・表布＝（100201・Lucy Red Rose）**裡布**＝（100206・Lydia Grey）**配布**＝（12009・Dusty Rose／120003・Soft Teal）
中央後側・表布＝（1200212・Lucy Blue Rose）**裡布**＝（100213・Lydia Blue）**配布**＝（120012・Thistle・12009・Dusty Rose）
中央前側・表布＝（100213・Lydia Blue）**裡布**＝（1200212・Lucy Blue Rose）**配布**＝（120003・Soft Teal）
右・表布＝（100206・Lydia Grey）**裡布**＝（100201・Lucy Red Rose）**配布**＝（120012・Thistle）

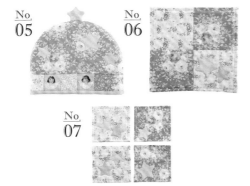

No. 05
No. 06
No. 07

No.05至No.08製作＝赤坂美保子

No. 08
ITEM｜餐墊
作法｜P.72

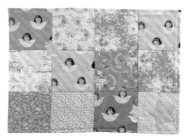

拼接了12片四方形布片製作而成的餐墊。以特意配置的天使圖案印花布＆星星圖案貼布縫，炒熱聖誕節的氛圍吧！

表布＝（110001・Angel Scraps Grey／100209・Lucy Teal Mist／100206・Lydia Grey／110003・Angel Scraps Sand／100205・Birdsong Dove White／110002・Angel Scraps Blush／100208・Birdsong Teal-green／100220・Lydia Lavender／100210・Eliza Grey／110007・Sophie Lilac／110004・Angel Scraps Mauve／110005・Sophie Teal）**裡布**＝（100206・Lydia Grey）**配布**＝（12009・Dusty Rose／120003・Soft Teal／120012・Thistle）

達拉木馬、雪人……包夾鋪棉製作而成的聖誕節小掛飾,感覺很溫馨吧?使用喜歡的布片製作,添飾在禮物上也相當討人喜愛。

達拉木馬‧表布＝(SE-608‧Pomegranate)聖誕樹‧表布＝(LTO-8231‧Winterberry Spice)配布＝(NE-117‧Hibiscus)雪人‧表布＝(FUS-SK-1304‧From Within Sparkler Metallic)配布A＝(LTO-8231‧Winterberry Spice)配布B＝(SE-608‧Pomegranate)小鳥‧表布＝(LTO-9231 Winterberry Mist)配布＝(NE-117‧Hibiscus)星星‧表布＝(FUS-SK-1308‧Starbright Sparkler)房屋‧表布＝(HBR-4430‧Oh, Hello Fog)配布＝(FUS-SK-1309‧Doiland Gloss Sparkler)
※以上皆使用ART GALLERY FABRICS平紋精梳棉布(Nukumorino Iro株式會社)。

製作＝本橋よしえ(⊙ @yoshiemontan)

可裝飾在聖誕樹上的聖誕彩球(Kugel:德文意指球)設計卡片。以布片包覆包釦組,並縫上金蔥繡線作為特色點綴即可完成。

左‧表布＝(SE-608‧Pomegranate)中‧表布＝(LTO-9231 Winterberry Mist)右‧表布＝(FUS-SK-1304‧From Within Sparkler Metallic)
※以上皆使用ART GALLERY FABRICS平紋精梳棉布(Nukumorino Iro株式會社)。

製作＝キムラマミ(https://www.handmade-mike.com)

你是否也有從手藝店欣喜購入後閒置許久的零碼布呢？本單元將介紹以零碼布為主要用布的袋物套組，及以一片零碼布即可完成的推薦單品等。而作為布作品主角的珍藏布料，當然要盡可能地物盡其用，因此請務必多加參考為各作品精心設計的裁布圖喔！

物盡其用吧！

零碼布
完全使用大作戰

攝影＝回里純子　造型＝西森 萌　妝髮＝タニ ジュンコ　模特兒＝加納みずき

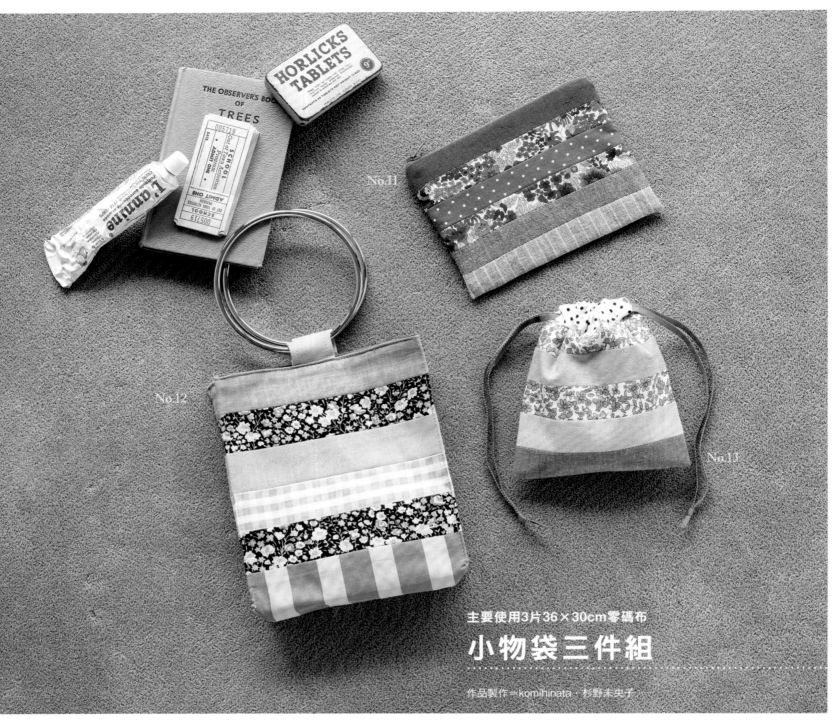

主要使用3片36×30cm零碼布

小物袋三件組

作品製作＝komihinata・杉野未央子

No. 13

ITEM｜束口袋
作　法｜P.75

作法同No.11・No.12，皆為拼縫長方形布條製作而成。以點點花樣布作為口布的點睛配置，使整體風格更加出色。

No. 12

ITEM｜圓環提把手袋
作　法｜P.74

以內徑10cm的金屬圓環作為提把的迷你手袋。尺寸容量足以裝入作品No.11・No.13，因此也推薦搭配成組攜帶使用。

No. 11

ITEM｜扁平波奇包
作　法｜P.75

拼縫長方形布條製作而成的扁平波奇包。巧妙地以點點、直條紋、素色亞麻布等作出間隔配置，襯托出主角LIBERTY印花布的美麗。

〈表布裁布圖範例〉

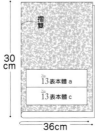

30cm

36cm

摺疊

13 表本體 a
13 表本體 c

No.13　表布＝棉質細布～LIBERTY FABRICS
（Emilia's Bloom／3639033-AE）／（株）MERCI

〈表布裁布圖範例〉

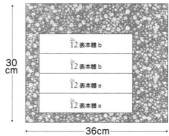

30cm

36cm

12 表本體 b
12 表本體 b
12 表本體 e
12 表本體 e

No.12　表布＝棉質細布～LIBERTY FABRICS
（Phoebe and Joe・3639038-CE）／（株）MERCI

〈表布裁布圖範例〉

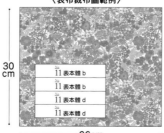

30cm

36cm

11 表本體 b
11 表本體 b
11 表本體 d
11 表本體 d

No.11　表布＝棉質細布～LIBERTY FABRICS
（Margaret Annie・3631165-J14E）／（株）MERCI

※裡布＆配布請自由搭配準備。

主要使用1片36×30cm零碼布

迷你波奇包三件組

作品製作＝キムラマミ

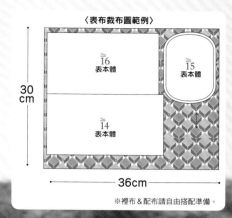

〈表布裁布圖範例〉

30cm

No.16 表本體

No.15 表本體

No.14 表本體

36cm

※裡布＆配布請自由搭配準備。

No.14

No.15

No.16

No. 16
ITEM | 卡片本布套
作法 | P.76

將市售的簡易卡片本加上布套即完成。書套式的設計，也方便自由拆裝更換。

No. 15
ITEM | 迷你波奇包
作法 | P.71

使用10cm拉鍊的半圓弧小波奇包，恰好是可以輕鬆收納信用卡的尺寸。作為送禮之用，肯定相當討人喜愛。

No. 14
ITEM | 三角波奇包
作法 | P.76

手掌大尺寸，每邊皆約11cm的粽子造型迷你波奇包，建議可作為收納鑰匙、藥物、護唇膏等瑣碎小物的隨身包。

13

手提袋

製作＝くぼでらようこ

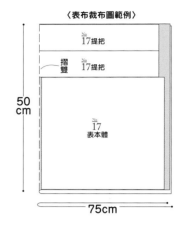

〈表布裁布圖範例〉

№
17提把

摺雙　№
17提把

№
17
表本體

50cm

75cm

※裡布＆配布請自由搭配準備。

No. 17

ITEM｜束口提袋
作 法｜P.77

今年冬天最具人氣的單品——束口提袋。選用點點花樣的細畝燈芯絨零碼布製作而成。長版提把不僅可掛於手腕處，單肩背也OK。

75×50cm羊毛零碼布的全新創生

冬季外出三件組

製作＝くぼでらようこ

〈表布裁布圖範例〉

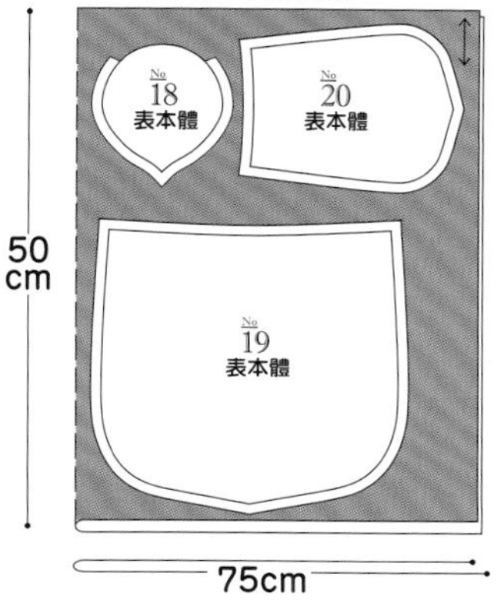
No 18 表本體
No 20 表本體
No 19 表本體
50 cm
75cm

※裡布＆配布請自由搭配準備。

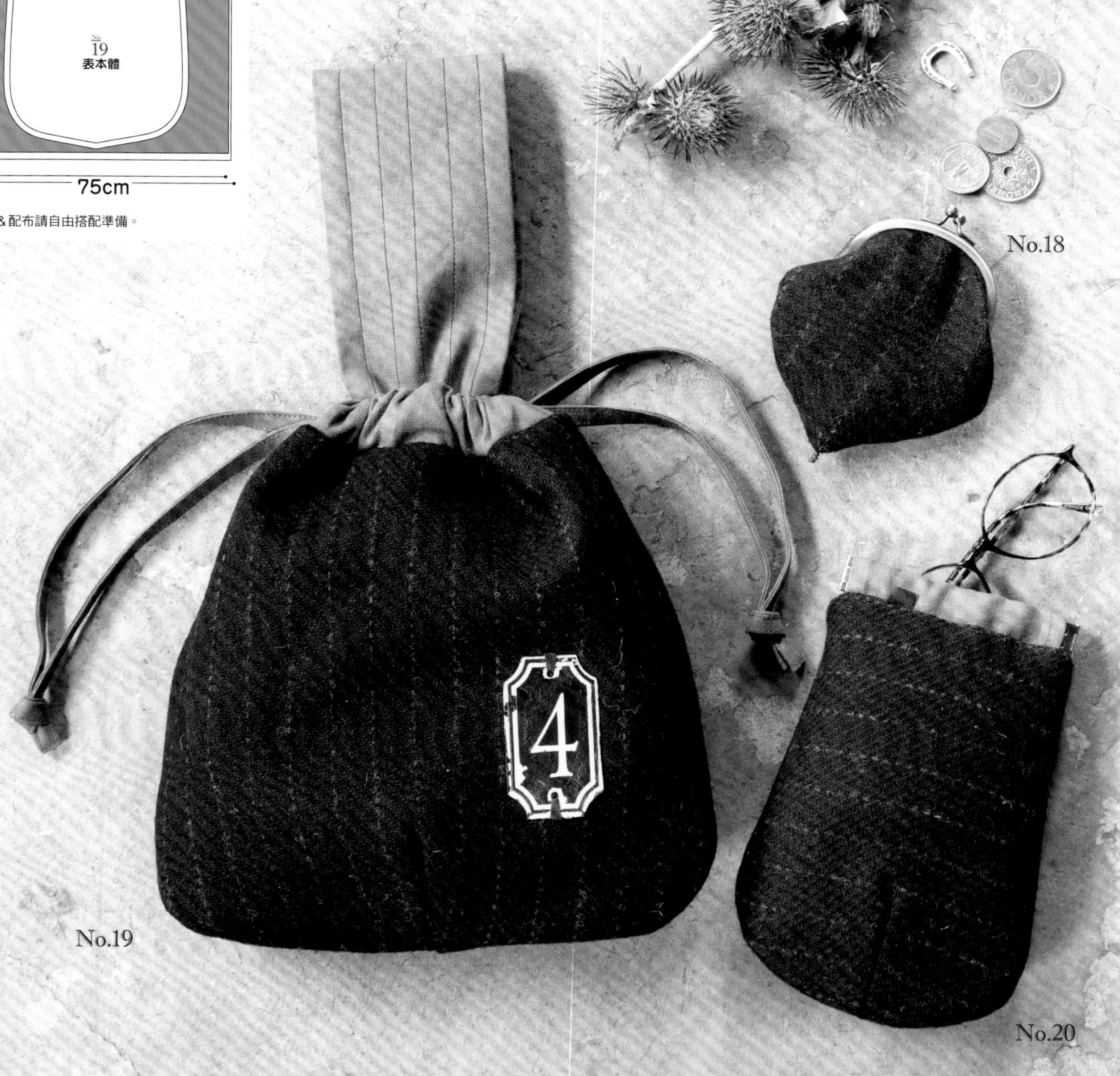

No.18

No.19

No.20

No. 18

ITEM｜迷你口金包
作 法｜P.78

使用寬約8×高4cm的小型口金製作的迷你口金包，樹木果實般的造型顯得格外時尚。接縫於袋底尖端處的小圓珠，是微小卻醒目的特色點綴。

No. 19

ITEM｜單柄束口袋
作 法｜P.79

以寬版的單柄提把帶出時尚感的束口袋。深藏青色細條紋羊毛布×灰色的搭配，統一了大人風的調性印象。裝入No.18或No.20一起攜帶出門，舉手投足似乎也顯得格外從容自信。

No. 20

ITEM｜眼鏡袋
作 法｜P.80

利用彈片口金可單手開合袋口的優點，拿取眼鏡時非常輕鬆便利。製作時將羊毛布改為橫向配置，轉化成橫條紋的樣式設計。

使用1片140×50cm零碼布

輕旅行兩件組

製作＝小林かおり

〈表布裁布圖範例〉

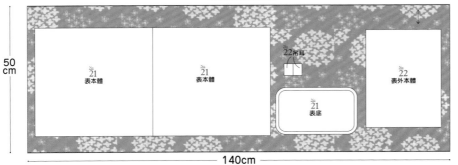

50
cm

No.21 表本體	No.21 表本體	No.22 耳	No.22 表外本體

No.21 表底

140cm

表布＝高布林錦織布（Gobelins）（TF-1196）／藤久（株）

※裡布＆配布請自由搭配準備。

No.

21

ITEM｜束口後背包

作 法｜P.81

利用穿過釦眼的綁繩，將袋口收緊的束口後背包。後背包肩帶則是使用手縫固定式的市售配件。

No.

22

ITEM｜雙層拉鍊小肩包

作 法｜P.28・P.101

適合收納需要時常取用的手機、錢包、卡片等物品的小肩包。由於是雙拉鍊分隔袋設計，瑣碎小物也能妥善分類整理。

使用1片108×50cm壓棉零碼布

散步兩件組

No.24

No.23

〈表布裁布圖範例〉

```
         No.
         24 提把
┌─────────────────────────────┐
│  ┌──┐ ┌──┐ ┌──┐ ┌──┐  ┌──┐ │
│  │No│ │No│ │No│ │No│  │No│ │
50│  │24│ │24│ │24│ │24│  │23│ │
cm│  │表│ │表│ │表│ │表│  │表│ │
│  │本│ │本│ │本│ │本│  │本│ │
│  │體│ │體│ │體│ │體│  │體│ │
│  └╲╱┘ └╲╱┘ └╲╱┘ └╲╱┘  └──┘ │
└─────────────────────────────┘
         108cm
```

表布＝壓棉布～Kaffe Fassett（MC73-8）／MC SQUARE（株）

※裡布＆配布請自由搭配準備。

No. 23

ITEM｜壓線卡片套
作 法｜P.82

三摺式的卡片套。包邊的裝飾斜布條相當搶眼。將整體展開後，內裡如摺紙般的精緻口袋瞬間就能吸引眾人的目光。

No. 24

ITEM｜壓線托特包
作 法｜P.83

外出散步或到鄰居家串門子時，可放入卡片、錢包、手機及輕便水壺，大小適中的托特包。大膽的花朵圖案×壓線紋路，呈現出手作人風格的時尚玩心。

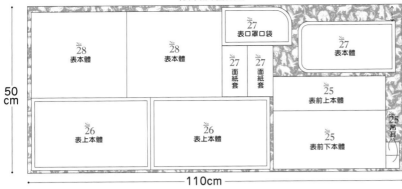

〈表布裁布圖範例〉

50 cm

№28 表本體
№28 表本體
№27 表口罩口袋
№27 面紙套
№27 面紙套
№27 表本體
№25 表前上本體
№26 表上本體
№26 表上本體
№25 表前下本體
№25 吊耳

110cm

表布＝11號帆布～LIBERTY FABRICS（Midnight Mischief・DC29894-J19A）／（株）LIBERTY JAPAN
※裡布＆配布請自由搭配準備。

使用1片110×50cm零碼布作為視覺主布

冬季手提袋＆
波奇包四件組

製作＝加藤容子

No.25

No.26

No.27

No.28

立體花朵耳環、花環項鍊、包釦髮圈、
花邊手帕、葉子手鍊、蝴蝶結胸針⋯⋯
請享受以少許的材料＆工具，
手作以打結的方式進行編織的美麗創作！

基礎×應用
手作超唯美の梭編蕾絲花樣飾品
BOUTIQUE-SHA ◎授權
平裝／88頁／21×26cm
彩色／定價350元

No. 25　ITEM｜拉鍊小肩包
作 法｜P.84

將扁平拉鍊波奇包的上半部往下翻摺成長
方形，再扣接上市售肩帶。取下肩帶後，
亦可當成手拿包使用。

配布＝皮革質感不織布（C-XBL2377-GY）／
YUZAWAYA　肩帶＝肩帶型提把（HS-14000S・
黑色）／INAZUMA
（植村株式會社）

No. 26　ITEM｜手挽口金手提包
作 法｜P.86

口金可直接作為提把使用的手提包。由於
手提包的袋口可大幅打開，且側身容量充
裕，拿取物品非常順手。

口金＝手挽口金（BK-1053・銀色）／INAZUMA
（植村株式會社）

No. 27　ITEM｜口罩＆面紙套
作 法｜P.87

內側收納口罩，外側收納面紙的便利布
套。是專為即將來臨的季節特別設計的推
薦單品。

No. 28　ITEM｜單柄手提袋
作 法｜P.85

雖是附拉鍊的四方形手提袋，但只要將提
把穿過短布環，隨即搖身一變成為日式飯
糰造型的單柄手提袋。與簡約風的衣著搭
配，一定能成為整體造型的特色亮點。

配布＝皮革質感不織布（革調フェルトC-XBL2377-
GY）／YUZAWAYA

合成皮革的
大人風手作包

在此介紹以家庭用縫紉機縫製,且以
人造合成皮的運用為重點元素的手作
包。相關製作技巧請參見P.25環保皮
草＆合成皮的車縫方法與處理技法。

攝影＝回里純子　造型＝西森 萌
妝髮＝タニ ジュンコ　模特兒＝加納みずき
製作＝小林かおり

重點整理!
將本體對摺疊合後,以彈
簧壓釦予以固定。內側也
有分隔口袋,以便收納瑣
碎的小物。

No. 29

ITEM｜雙層拉鍊小肩包
作 法｜P.28

將兩個袋口各自接縫上拉鍊的合成皮小肩
包。長23×高16cm的尺寸雖然迷你,但
卻是非常適合攜帶錢包或手機等貴重物品
的隨身大小。只要取下肩帶,亦可作為波
奇包使用。

表布＝合成皮革GT-X(219・red pink)／銀河工房
(株式會社SIMURA)
皮標＝天然皮革 King徽章／NESSHOME

No.
30 ITEM │ 合成皮革滾邊手提袋
作 法 │ P.88

以在冬季特別能感受到暖意的羊毛布製作
單柄手提袋吧！將提把圍邊一圈的合成皮
滾邊條是焦點特色。

★
重點整理！

在此使用市售的雙摺邊款
式滾邊條。只要保持使滾
邊條稍微拉伸的感覺進行
縫合，就能縫製出美麗的
弧邊。

合成皮滾邊條
尺寸：寬2.2cm×170cm（1袋）
顏色：6色
洽詢：CAPTAIN（株）

表布＝大格紋羊毛布（MU246-N2）／KEI
FABRIC　滾邊條＝合成皮滾邊條（CP202-3・焦
茶色）／CAPTAIN（株）　布標＝BIG 6 SECRET
／NESSHOME

扁平皮革提把組　長・肩背型（HP-0002）
尺寸：寬2.4cm×長60cm
材料包內容物：提把2條・大鉚釘釦8組・衝鈕器1個
顏色：黑色・駝色・棕色
洽詢：かばん屋さんのキット（Bag school Repre）

重點整理！
★
正統手袋製作專門學校
「Repre」出品的提把，
是使用皮革的正式規格產
品。不僅素材本體獲得高
度肯定，縫製＆附屬的配
件及耐久性，都是上上之
選。選對一個好提把，就
能立刻提升作品的質感。

No.
31　ITEM｜皮革提把托特包
　　作 法｜P.89

以帶有美麗幾何學花樣的緹花織布，製作
簡約的附側身托特包，尺寸也足以縱向放
入手作誌（COTTON FRIEND）唷！皮革
製的提把，是以附屬的鉚釘釦加以固定。

提把＝扁平皮革提把組　長・肩背型（ＨＰ-
0002BL）／かばん屋さんのキット（Bag school
Repre）

重點整理！

⭐

若想為合成皮手袋加上
裝飾物，強力推薦「標
籤」。布標或金屬標牌
等，挑選喜歡的添飾上去
吧！

No. 32

ITEM ｜百褶包
作 法 ｜P.90

僅使用一片合成皮製作的無內裡托特包。
將裁成長條狀的合成皮逐一進行摺疊＆車
縫，再接縫成褶襉狀＆添飾上喜愛的布
標，即大功告成！

表布＝合成皮革GT-X（219・奶油米白色）／銀
河工房（株式會社SIMURA）　**布標**＝DES PRES
STORE（海軍藍）／NESSHOME

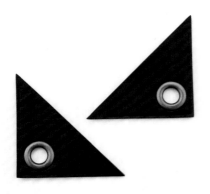

重點整理！

附雞眼釦的底角片，僅須
包夾本體邊角，縫合固定
即輕鬆完成的優點頗具魅
力。共有三種顏色，可搭
配布料進行挑選。

附雞眼釦的底角片
尺寸：約8×8cm（雞眼釦孔徑 約12mm）
顏色：5色
內容：底角片2個・組裝方法說明書
洽詢：INAZUMA（植村株式會社）

No. 33　ITEM｜束口後背包
　　　　作 法｜P.91

以棉質軟呢為袋身主布，搭配合成皮的底
角配件＆掀蓋，縫製出大人風格的束口後
背包。但請特別注意肩帶的長度，一旦過
短就很容易顯得小孩子氣。

表布＝棉質斜紋軟呢格子布（RMD3051-01）／大
塚屋　**配布**＝合成皮（GT-219・象牙白）／銀河工
房（株式會社SIMURA）　**底角配件**＝附雞眼釦的底
角片（BA-25A・＃870焦茶色）／INAZUMA（植
村株式會社）

環保皮草&合成皮的車縫方法與處理技法

環保皮草&合成皮看似難以處理,但只要掌握訣竅,就能輕鬆車縫。
請試著挑戰最適合冬季的手作素材吧!

ECOFUR環保皮草

所謂的環保皮草,是以合成纖維製作出近似動物毛皮質感的毛布總稱。雖然也稱作仿皮草,但近年來多半以環保皮草稱呼。日文中的皮草(ファー)一詞,通常意指環保皮草。

環保皮草的種類

在此將較常見的品項概略分類,但店家實際販售時會加上更詳細的各種品名。
基本而言,依毛長、厚度、觸感等要素,購買喜歡的種類即可。

皮草(fur)

長纖絨毛,具豪華感,且觸感與真皮草極為相似。

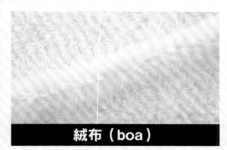

絨布(boa)

毛輕軟蓬鬆,宛如綿羊或貴賓狗般,給人休閒可愛的印象。

刷毛布(seal)

宛如海豹毛皮般的短毛,表面起毛的材質。

環保皮草的特性

●耐熱性低,因高溫可能會使面料融化,基本上不作熨燙。若須燙整,務必調至低溫,並先以零碼布測試之後再進行。
●由於具有毛流方向,裁布&車縫時須注意方向。
●容易掉毛,因此要特別留意在裁布後須立即車縫的細節。
●容易鬆弛,且布邊的毛容易脫落,因此在車縫時通常建議加上裡布。但幾乎不會燙貼接著襯。

作記號&裁布

①由於具有毛流方向性,因此務必先進行確認。撫摸正面,若毛倒下則是順毛,毛立起(朝上)則是逆毛。環保皮草通常是以順毛的方向進行裁布。

順毛

逆毛

②確認毛流方向,並在布料背面畫上表示方向的箭頭備用。依毛流方向,在背面以消失筆等工具畫出裁切線記號。
不要重疊布料,一片一片地進行裁布。同時也以消失筆加上合印等記號。

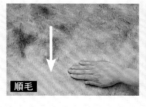
箭頭

③以剪刀尖端,仔細地僅裁剪布料底布(不剪斷毛的部份)。

④若只裁剪底布,就可以在裁布時保留邊緣的毛。

若將毛&底布一起裁剪,就會連需要的毛也一同剪下,並產生細屑。

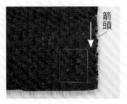

使車縫皮草更加順利的輔助工具

Brother Sales(株)

←均勻送布壓布腳
使縫紉機難以送布的布料也能順利前進的壓布腳。能夠防止車縫錯位,漂亮地完成縫製。

Clover(株)

↑疏縫固定夾
可替代珠針固定布料。

→砂紙
挑選細顆粒的砂紙,剪成約3cm寬使用。以縫紉機車縫時,夾在壓布腳下,就能避免車縫錯位。

Clover(株)

↑錐子
在車縫時推入絨毛,車縫之後拉出絨毛。

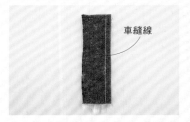

③以錐子將絨毛推入內側，一邊確認對齊布邊，一邊以較大的針目（3.5至4）車縫。為避免車縫錯位，在壓布腳下夾入剪成長條狀的砂紙。由於皮草容易鬆弛，且因為絨毛的緣故容易車縫錯位，務必在車縫時多加留意。

②仔細對齊布料底布的邊緣，將絨毛內收，並以疏縫固定夾固定。在此不建議使用珠針，是因為珠針可能會被絨毛覆蓋不易看見，導致忘記拔針。

①由於不易判斷車縫位置，因此請以消失筆畫出車縫線。

車縫後的處理

④縫線完全融合，不易察覺。

③因絨毛較長，使縫份無法平整貼合時，須修剪縫份的絨毛。

②背面也以相同作法挑出縫入的絨毛。

①從正面以錐子等工具挑出車入縫線中的絨毛。

摺疊的作法

④車縫時將砂紙壓在摺線上，以此位置作為依據進行車縫，就能夠車出筆直的縫線。

③以疏縫固定夾固定。

②三摺邊時，將①的山摺線對齊第2條記號線。避開絨毛，以底布山摺邊對齊記號線為準。

①在兩倍縫份寬的位置畫線（縫份1cm就取2cm）後，將布邊對齊線條摺疊。當以1cm→2cm的寬度三摺邊時，則再次在距離山摺線4cm的位置畫線。

合成皮

所謂的合成皮是合成皮革的簡稱。在編織布、紡織布或不織布表面加上合成樹脂，作出類似於真皮（天然動物皮革）質感的布料。從厚實到薄且具有彈性的品項皆有，種類多樣。製作包包時，推薦厚度約1mm且不具彈性的款式。

真皮與合成皮的差異

合成皮
較真皮更好入手，且用法簡單。推薦用於製作大尺寸作品。雖然耐水，但透氣性不佳，會隨著時間而逐漸劣化。背面為編織布、紡織布或不織布。

真皮
皮革會因取自部位的不同，在厚度和柔軟度上有所差異，且具有尺寸上的限制。
須以真皮專用的車縫方式或技巧進行縫製。雖然耐用又透氣，但因為怕水，所以保養上須特別注意。手感極佳，可享受隨時間變化色澤樣貌的樂趣。背面為麂皮質感的起毛質地。

合成皮的特性

●耐熱性低，因高溫可能會使面料融化，基本上不作熨燙。若須燙整，務必調至低溫，並先以零碼布測試之後再進行。

●不易脫線，因此不處理布邊也可使用。亦可將布邊活用於設計之中。

●由於會殘留針孔，因此要盡量避免重新車縫。 ●表面難以滑動，因此須留意縫紉機壓布腳等工具的搭配輔助。

接著襯

免燙貼襯

切口記號

若作品需要加上接著襯，請選擇可低溫黏貼的襯或免燙貼襯。使用免燙貼襯時，應避免黏貼在縫份上。

③合印作切口記號（0.3cm的切口）。在合成皮正面作記號時，建議使用魔擦筆。若在深色且不顯眼的位置，亦可使用黑色原子筆。

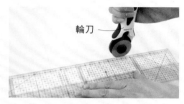
輪刀

②以輪刀裁切直線，可使切邊漂亮又俐落。

作記號＆裁布

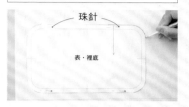
珠針

表・裡底

①以消失筆直接在背面畫線。使用珠針時則要固定在紙型縫份處。不要重疊，一片一片地裁布。

使車縫合成皮更加順利的輔助工具

↑ 砂紙
將細顆粒砂紙剪成寬約3cm的長條使用。以縫紉機車縫時，夾在壓布腳下方，就能避免車縫錯位。

↑ 布用雙面膠
可將布料相互暫時固定，或用於黏貼摺邊。市售常見款式分為疏縫型＆強力黏貼型。
布用雙面膠・疏縫膠帶／（株）KAWAGUCHI

Clover（株）

↑ 疏縫固定夾
用來替代珠針固定布料。

↑ 皮革滾輪
壓出摺線的滾輪（因合成皮種類的不同，也有難以壓出摺線的情況）。

鐵氟龍膠帶

↑ 鐵氟龍膠帶
經過增強滑順度加工的膠帶。可黏貼於壓布腳下方或縫紉機平台上，以增添滑順度。

← 皮革專用針
針頭宛如刀片一般，可以在切割表面的同時進行車縫。使用在厚實，車針難以穿刺的合成皮。較薄的皮革則使用11至14號車針，60號至30號車線。

● 助滑劑
噴在車針、壓布腳、縫紉機平台等位置，增加滑順度。
前／矽利康筆・右／織物用助滑劑／（株）KAWAGUCHI
左／縫紉用助滑劑／Clover（株）

← 均勻送布壓布腳
可使縫紉機難以送布的布料也能順利前進的壓布腳。能夠防止車縫錯位，漂亮地完成縫製。
Brother Sales（株）

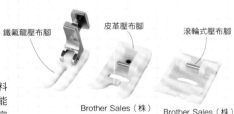
鐵氟龍壓布腳　　皮革壓布腳　　滾輪式壓布腳

Brother Sales（株）　　Brother Sales（株）

↑ 鐵氟龍壓布腳
經過增強滑順度加工的壓布腳。請挑選適合自己縫紉機的款式安裝使用。

開始車縫吧！

車縫。

以布用雙面膠固定
❶將布用雙面膠貼於縫份上。若車縫於膠帶上，會導致車針殘膠或跳針，因此要避免黏貼在車縫線位置。若黏膠殘留於車針上時，擦去殘膠並塗上助滑劑，就能夠改善滑順度。
❷黏合布料。

②進行車縫。

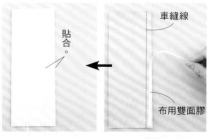
車縫線
貼合。
布用雙面膠

以疏縫固定夾固定
對齊布邊，以疏縫固定夾暫時固定。

疏縫固定夾

①固定布料。

⑥由於有許多合成皮不易壓出摺線，因此當想要使縫份確實倒下壓平，或想作出摺線時，建議以車縫的方式壓平固定。

⑤車縫固定縫份時，以手將布料朝左右適度拉開，在展平接縫處的同時進行車縫。若難以順利滑動車縫，可使用助滑劑或替換上滑順度佳的壓布腳。

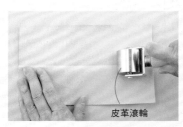

④以手或皮革滾輪壓出褶痕，摺疊縫份。

皮革滾輪

③以疏縫用的布用雙面膠黏貼時，須撕除離型紙。

疏縫膠帶

摺疊的作法

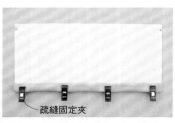

疏縫固定夾

④若無法使用布用雙面膠黏貼，以疏縫固定夾固定之後再車縫亦可。

對齊記號線。

③三摺邊時，將②的山摺線對齊第2條記號線，以相同作法摺疊。

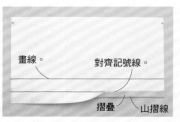

畫線。　　對齊記號線。

摺疊　　山摺線

②將布邊對齊①的線條摺疊。難以摺疊時，以布用雙面膠黏貼固定（但不要黏在車縫位置）。以三摺邊處理布邊時，則在距離山摺線2倍縫份寬處再畫一條線。

畫記號線

①取2倍縫份寬的位置，以消失筆畫線。

P.20 No.29　動手作──雙層拉鍊小肩包！

材料 表布（合成皮）134cm×45cm／裡布（棉布）55cm×40cm／接著襯（免燙貼襯）20cm×5cm
D形環 12mm 2個 ／問號鉤 15mm 2個／彈簧壓釦 13mm 3組／金屬拉鍊 22cm 2條／皮標 1片

1.車縫前的準備

彈簧壓釦安裝位置
接著襯
表內本體（背面）
接著襯

①剪出合印的切口記號後，在表內本體背面的彈簧壓釦安裝位置貼上3cm×3cm的免燙貼襯。

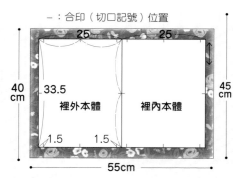

－：合印（切口記號）位置

25　　25
40cm
33.5　裡外本體　裡內本體
1.5　1.5
55cm

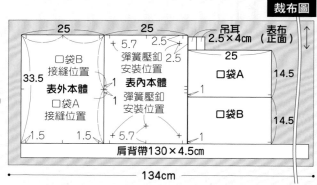

裁布圖

25　　25　吊耳　表布（正面）
2.5×4cm
+5.7　2.5
口袋B接縫位置　彈簧壓釦安裝位置　2.5　25
33.5　表外本體　1　表內本體　口袋A　14.5
口袋A接縫位置　1　彈簧壓釦安裝位置　1
45cm　　　口袋B　14.5
1.5　1.5　+5.7　1
肩背帶130×4.5cm
134cm

2.製作吊耳

2.5
吊耳（正面）　暫時車縫固定。
表外本體（正面）
0.5　吊耳（正面）
2.5

④將吊耳暫時固定於表外本體。

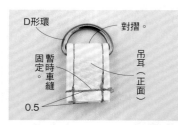

D形環　對摺。
固定暫時車縫　吊耳（正面）
0.5

③穿入D型環，對摺吊耳並暫時車縫固定。

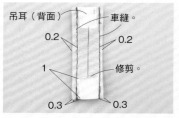

吊耳（背面）　車縫。
0.2　0.2
1　修剪
0.3　0.3

②車縫兩脇，並如圖所示修剪多餘的縫份。

對接摺疊。
以布用雙面膠黏貼固定　吊耳（正面）

①將吊耳於中心對接摺疊，不易摺疊時以布用雙面膠黏貼固定。

④在距邊0.2cm處以縫紉機車縫。建議可夾入一張砂紙以避免車縫錯位。

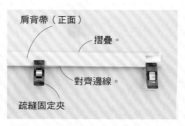

③將另一側的布邊對齊②的摺線，摺疊成三等分，再以疏縫固定夾或布用雙面膠固定。

②對齊記號線摺疊。

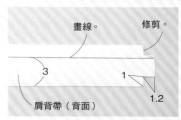

①將肩背帶如圖所示修剪兩端，並以消失筆畫記號線。

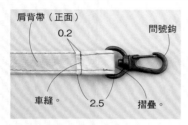

⑧穿入問號鉤，再摺疊2.5cm＆以縫紉機車縫固定。另一端也以⑥至⑧相同作法加上問號鉤。

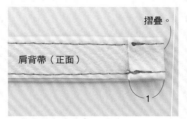

⑦邊端內摺1cm。

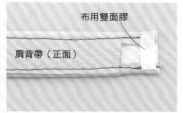

⑥在邊端處黏貼布用雙面膠。

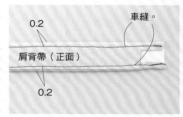

⑤車縫兩側邊。

5.安裝彈簧壓釦

4.製作口袋

【打具】

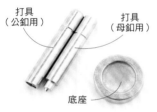

打具（公釦用）　打具（母釦用）　底座

【彈簧壓釦】

公釦　底釦　母釦　面釦

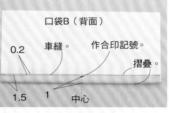

②參見P.28「摺疊的作法」，對齊記號摺疊，並以縫紉機車縫固定。口袋A也以相同作法接縫。並將口袋B加上彈簧壓釦安裝位置的記號。

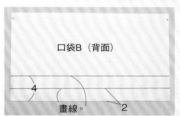

①將口袋口以1cm→1.5cm的寬度三摺邊，再依圖示位置以消失筆在口袋A‧B上畫記號線。

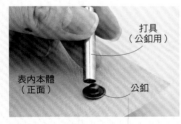

④將打具（公釦用）放在公釦上。

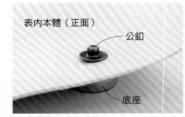

③自正面套上公釦。

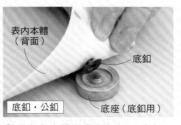

②自表內本體的背面側插入底釦，放在底座（底釦用）上。

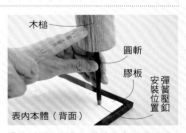

①在表內本體的彈簧壓釦安裝位置以圓斬打洞。

⑧將打具（母釦用）放在母釦上。

⑦從正面側套上母釦。

⑥自表內本體的背面側插入面釦，放在底座（面釦用）上方。

⑤以木槌敲打至公釦不會轉動。

6.接縫口袋

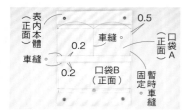

②將口袋掀至正面，在底部車縫固定壓平的縫線，並暫時車縫固定兩脇。接著車縫口袋A的中央分隔線。

①對齊口袋A底部＆表本體口袋A接合位置的切口記號，以縫紉機車縫。口袋B也以相同作法車縫。

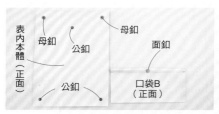

⑩共裝上三組彈簧壓釦。口袋B從正面穿入面釦，安裝母釦。

⑨以木槌敲打至母釦不會轉動。

7.接縫拉鍊

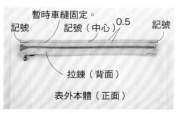

④表外本體＆拉鍊正面相對重疊，對齊記號後，在距邊0.5cm處暫時沿邊車縫固定。

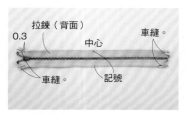

③暫時車縫固定拉鍊布帶，其餘三處拉鍊布帶也以相同作法摺疊車縫，並在拉鍊中心作記號。另一條拉鍊也以相同作法車縫＆作記號。

②以上止的位置為基點，再次在背面摺疊。

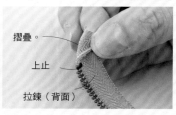

①將上止上方的拉鍊布帶摺疊成三角形。

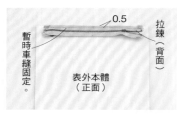

⑧在表外本體的另一側以④相同作法暫時車縫固定拉鍊。拉鍊的上止＆下止以④拉鍊的相同方向接合。

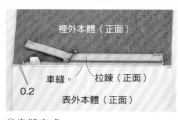

⑦車縫完成。

⑥縫份倒向表外本體側，移開裡外本體，車縫＆壓平接縫處的摺邊。

⑤裡外本體正面相對疊合，沿邊0.7cm處車縫。

⑫拉鍊接縫完成。

⑪以⑥相同作法將縫份倒向表本體側，移開裡本體，車縫壓平用的車縫線。

⑩表・裡外本體正面相對疊合，將未車縫側以⑤相同作法車縫。表・裡內本體也正面相對，以相同作法車縫上下側。

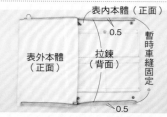

⑨將表外本體拉鍊的未車縫側拉鍊布帶，分別暫時車縫固定於表內本體的上下兩側邊。

8.車縫本體

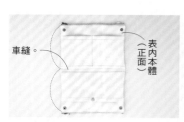

④將肩背帶扣接上D型環，完成！並在喜歡的位置手縫上皮標。

③車縫底中心。

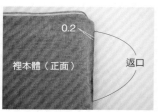

②翻至正面對齊返口，以縫紉機車縫縫合。

①使表本體＆裡本體各自正面相對，呈環狀對齊，並事先打開拉鍊。裡本體單側預留11cm返口不車縫，車縫兩脇一圈。

美麗的進口布料
SWANY風手作包

以鎌倉SWANY從世界各地精選推薦的進口布料
製作實用又有品味的布包吧!

攝影=回里純子　造型=西森 萌　妝髮=タニジュンコ　模特兒=加納みずき

包包內部共有四個
口袋,隨身物品再
也不會凌亂地混雜
在一起了!

No.
34
ITEM｜內口袋隔層托特包
作法｜P.92

將如小磁磚般的起毛質感方格緹花布置
於中央,作為美麗的視覺主布,再拼接
上素色布料製作而成的托特包。側身寬
達21cm,因此裝入物品時極具穩定感。

表布＝進口織品(IE7026-1)／鎌倉SWANY

No. 35

ITEM │雙層方包
作 法 │ P.93

看似是簡單的扁平托特包,實際上卻是擁有
兩個袋口的雙層方包。大膽的大圖案印花極
具摩登時尚感,結合真皮提把更營造出成熟
的氛圍。

上圖・表布=進口織品
(OIF2549-1)
下圖・表布=進口織品
(OIF2549-2)
／鎌倉SWANY

將本體一分為二的分
隔設計,使得資料夾
＆文件紙等不會與隨
身物品混雜在一起,
非常方便。

No.
36
ITEM│拼接褶襉包
作 法│P.94

從拼接打褶中露出的素色布料,與表布的優雅緹花布相互映襯出引人注目之美。真皮提把也是提升整體質感的重點裝飾。

表布＝進口織品（IE7027-1）／鎌倉SWANY

No.
37
ITEM│方底波奇包
作 法│P.95

四角形底側幅,讓人感到安定的拉鍊收納包。能夠確實收納分裝化妝水等須避免橫放的物品。

左・表布＝進口織品（IE3181-3）　**中・表布**＝進口織品（IE3181-2）　**右・表布**＝進口織品（IE3181-1）／鎌倉SWANY

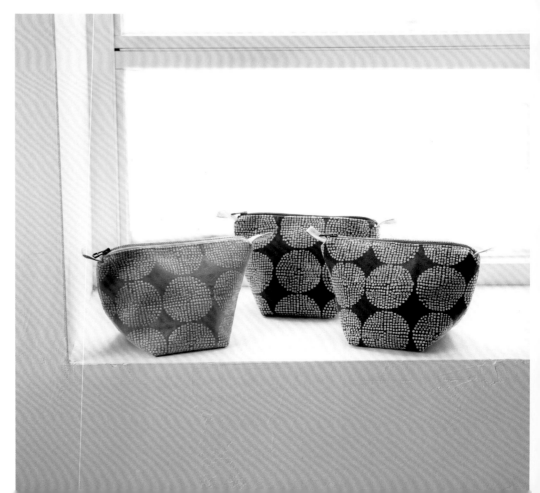

No. 38

ITEM | 圓弧托特包

作 法 | P.96

以底角的圓弧曲線柔和氛圍的托特包。藉由在
側幅使用素色布料，襯托出本體緹花布的優美
圖案。粗提把也是呈現設計感的重點之一。

表布＝進口織品（IE7029-1）／鎌倉SWANY

不怕裁布NG＆簡單又有型！

快速完成超實用
後背包、環保筷袋、布小物……

簡單直裁の43堂布作設計課
新手ok！快速完成！超實用布小物！
BOUTIQUE-SHA◎授權
平裝／72頁／21×26cm
彩色／定價320元

以「翻轉技法」製作
初學者也能完成的時尚手作包人氣提案

什麼是翻轉技法？只須縫合裡袋及表袋，最後再翻回正面，簡單完成附有內襯的袋體，這就是「翻轉」技法。

本書豐富收錄30款以翻轉技法完成的獨家設計包款，無論是外出實用的斜背包，

簡約有型的單提把包、文青必備的托特包、時尚後背包、小巧的束口包等，全部都是極具個人魅力的潮流包款，

內附紙型及詳細作法教學，作者也在書中貼心地以全圖解方式示範基本款的翻轉包製作技巧，

對於想要嘗試手作包製作的初學者們，或是想要挑戰更多不同時尚風格包款的手作包迷，

本書會是您盡情享受製包樂趣的最佳指南！

手作潮包日常提案
30個初學者也能完成的肩背包・托特包・百褶包・
波士頓包・手拿包・迷你包

roll ◎著
定價 450 元
19×26cm・88 頁・彩色＋單色

穿越童話夢想！

自己親手作好可愛的娃娃胸針＆吊飾‧陪伴玩偶‧換裝娃娃……

5人作家‧5種風格主題

★ 永遠不變的浪漫情懷——羅曼蒂克風格的布娃娃
★ 洋溢著懷舊感的鄉村風娃娃
★ 最愛Raggedy Ann娃娃的風格魅力
★ 充滿笑容的小小女孩
★ 木製的漫畫繪本人物偶

超可愛娃娃布偶&木頭偶

5人作家愛藏精選！美式鄉村風╳漫畫繪本人物╳童話幻想

今井のりこ ‧ 鈴木治子 ‧ 斉藤千里 ‧ 田畑聖子 ‧ 坪井いづよ◎合著

平裝／112 頁／21×26cm

彩色＋單色／定價 380 元

坂內鏡子的 裁縫間

一起來看看服裝設計師・坂內鏡子老師的工作室中，
推薦的縫紉機＆縫紉相關的便利用品吧！

攝影＝島田佳奈

profile

坂內鏡子老師

縫紉設計師、版型師。服裝品牌 Lintemporel 設計師。從服裝到小物，以手作愛好者的觀點發表的作品，受到廣大年齡層的喜愛。於人氣織品店 CHECK & STRIPE、東村山市的あいばこ體驗講座，及文化學院擔任講師。
http://www.summieworks.com/

坂內老師自有品牌的新作服飾和小物，都是在自宅的工作室中製作誕生。最近聽聞老師的工作室增設了新的縫紉機＆縫紉相關的便利道具，趁此機會，我們來一探職人的手作現場＆嚴選好物吧！

「工作室就是自家客廳的一部分。正是因為這樣有限的空間，更要打造無壓力的空間感。新加入的工具使得創作順利進行，我十分滿意！未來也將陸續採用這類高機能性的工具。」其中又以專業縫紉機HD9＆有腳熨斗oliso特別受到青睞。「HD9的針目穩定且有力，車縫時的心情相當暢快。無論是重疊的縫份或厚實的皮革＆帆布，都可以毫無阻礙地漂亮車縫，讓製作特別順暢。

此外，oliso熨斗則是……與其說明，不如實際試試看吧！只要用過一次就會上癮。」老師一邊這樣說，一邊向我們一一介紹了縫紉機、熨斗、檯燈、工具架等，最近愛用的工具們。看著縫紉機與周邊工具豐富齊備的坂內老師工作室，也讓人越來越期待從這裡誕生出來的下一件作品。

只要這一支，工作室就會變得明亮！製作也更加流暢！

即使在製作過程中直接平放也沒問題的有腳熨斗。

終於看到了！極致的專業縫紉機。

這個紅色的物品到底是什麼？

支持創作的好用工具×6

附放大鏡的LED燈
Halo

無論是刺繡或穿線，一旦有了它，精密的步驟也能透過放大鏡檢視進行，因此不會造成壓力。同時具有可三段式調整亮度，對眼睛溫和的LED燈。
可摺疊，不使用時可收起。

附放大鏡LED燈・Halo5D
尺寸：寬15cm×深15cm×高33cm

底部自動感應抬起的
oliso熨斗

一握住手把，熨斗底部便會下降，相反地手離開後，底部就會自動抬起。從此告別「一不小心就燒焦了」的意外！並且具有適當地重量，順暢又有力，可在一瞬間漂亮地燙平皺紋。

oliso熨斗・TG1600
尺寸：長320mm×寬154mm
×高201mm

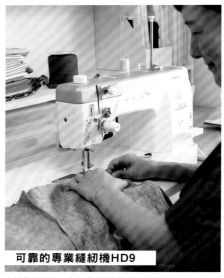

可靠的專業縫紉機HD9

由於常車縫厚布或皮革，厚布專用的穿線導引、厚布專用針板、皮革壓腳等功能皆包含在標準配備之中，特別令人開心。傳統底梭1.4倍的分量也是重點之一。總之就是強而有力且手感暢快。

JANOME專業縫紉機・HD9
本體尺寸：寬498mm×深218mm
×高338mm

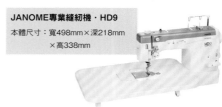

方便描繪紙型的
Wafer2

用於描紙型＆刺繡圖案的燈箱。A3尺寸的寬廣台面易於作業，機身輕薄也是讓人中意的優點。

Dlight Wafer2・燈箱
尺寸：寬48cm×高36cm×厚0.8cm

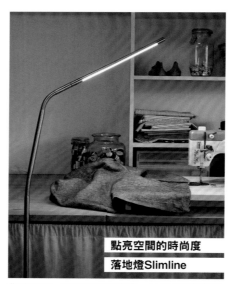

點亮空間的時尚度
落地燈Slimline

典雅的外觀，但照明範圍卻很寬廣。由於是接近自然光的LED燈光，因此不會影響布料顏色的判斷，即使長時間進行製作，眼睛也不會疲勞。

LED落地燈・Slimline3
尺寸：寬76cm×深25cm×高130cm

女兒也想要的好物！
Your NEST organizer

形狀如積木般具有趣味性，幾乎已成為工作桌上不可或缺的存在。只要將使用的工具一一插入，就能爽快地清理桌面。就連女兒都開口說：「好想要啊，似乎也可以當成文具架呢！」

Your NEST organizer
尺寸：深114mm×寬114mm
×高38mm
顏色：紅色・水藍色・黃綠色
共3色

No. 39
ITEM｜波士頓包
作 法｜P.97

能作為簡單穿搭亮點的紅色提包。雖然小巧，但側身寬闊，且採雙開拉鍊設計，使用非常便利。在11號帆布的本體上，口袋口滾邊＆側邊口袋皆以皮革作重點裝飾。

No. 40
ITEM｜繞縫袋口一圈拉鍊的波奇包
作 法｜P.98

將尼龍拉鍊分解後接縫於袋口一圈，製作而成的收納包。「分解」乍聽之下似乎很難，但僅須簡單地將拉鍊以剪刀依指示剪斷，就連接縫方法也比普通的拉鍊波奇包更加輕鬆，令人不禁想多作幾個呢！製作前請務必仔細參閱作法。

No. 41
ITEM｜可摺式室內鞋
作 法｜P.100

鞋頭的皮革是視覺焦點。輕柔包覆腳背的鞋型設計，穿著感相當舒適。脫下時可看見裡布的LIBERTY印花布，與紅色帆布的對比效果也相當時尚。

No.39至No.41・裡布＝sheraton jersey〜LIBERTY・fabrics（Pepper・3639010・LFK）／（株）LIBERTY JAPAN

Flower

不凋花×乾燥花の夢遊花手作

花果枝葉在瓶子裡有許多花樣可以展現，令人盡享季節所帶來的喜悅。趕快來尋找靈感，進入夢幻的花草手作世界吧！

美麗浮游花設計手帖
親手作65款不凋花×乾燥花植物標本＆香氛蠟

主婦與生活社◎授權
平裝／112頁／19×26cm
彩色+單色／定價350元

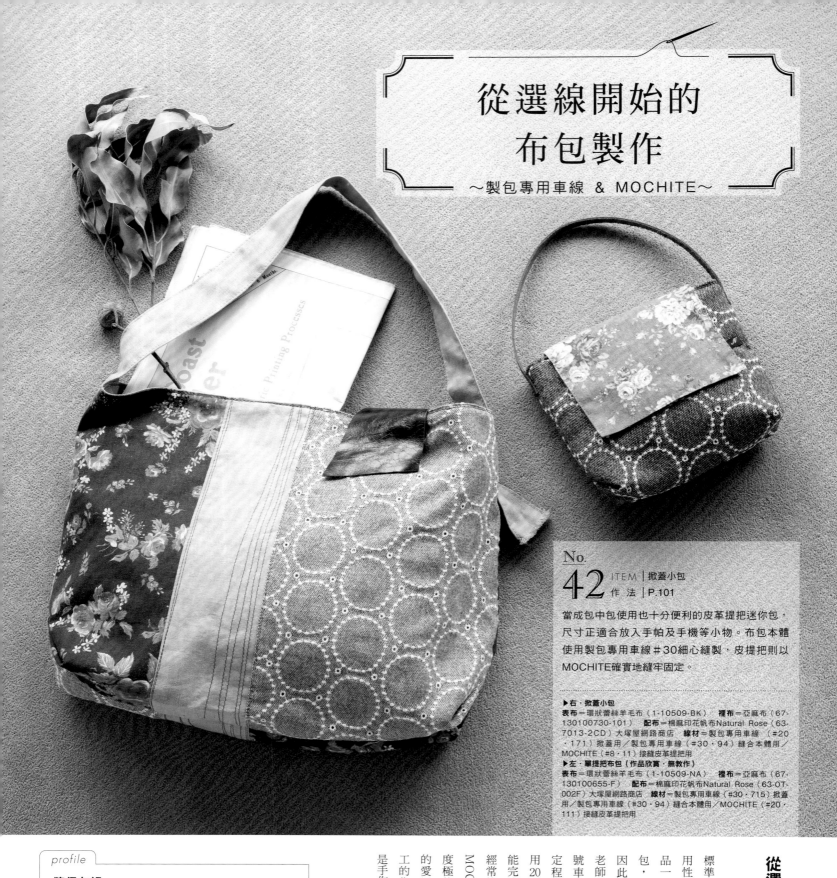

從選線開始的布包製作

～製包專用車線 & MOCHITE～

No. 42 ITEM｜掀蓋小包　作法｜P.101

當成包中包使用也十分便利的皮革提把迷你包，尺寸正適合放入手帕及手機等小物。布包本體使用製包專用車線＃30細心縫製，皮提把則以MOCHITE確實地縫牢固定。

▶右·掀蓋小包
表布＝環狀蕾絲羊毛布（1-10509-BK）　**裡布**＝亞麻布（67-130100730-101）　**配布**＝棉麻印花帆布Natural Rose（63-7013-2CD）大塚屋網路商店　**線材**＝製包專用車線（＃20·171）掀蓋用／製包專用車線（＃30·94）縫合本體用／MOCHITE（＃8·11）接縫皮革提把用
▶左·單提把布包〔作品欣賞·無教作〕
表布＝環狀蕾絲羊毛布（1-10509-NA）　**裡布**＝亞麻布（67-130100655-F）　**配布**＝棉麻印花帆布Natural Rose（63-OT-002F）大塚屋網路商店　**線材**＝製包專用車線（＃30·715）掀蓋用／製包專用車線（＃30·94）縫合本體用／MOCHITE（＃20·111）接縫皮革提把用

profile

猪俣友紀

以日常生活手作為部落格主題，相當受歡迎的布小物作家。除了與手藝雜誌密切配合，也與各種媒體合作，活躍於各種活動。同時身兼VOGUE學園東京校、橫濱校的講師身分，亦擔任電影《告訴我到車站的路（暫譯）》的手藝指導。著有《縫製美麗的大人包（暫譯）》（Boutique Sha發行）等書籍。
Blog　https://yunyuns.exblog.jp/
@neige__y

從選線開始的布包製作

「雖然外觀可愛是手作包的必要標準，但由於每天都要使用，因此耐用性也是很重要的。若是如本次的作品一般，是以拼接布料製作而成的布包，牢牢地縫合布料更是首要重點，因此使用了製包專用車線。」猪俣老師如此說。薄布雖然也可以使用60號車線，但布包通常會選擇具有一定程度挺度或厚度的布料，因此使用20號或30號的製包專用車線，就能完成漂亮壓線的作品。「至於製包經常使用的皮革提把，我真心推薦以MOCHITE進行接縫。此線材的鬆緊度極佳，能夠確實地縫牢皮革，是我的愛用選線。」細觀猪俣老師美麗車工的作品，確實不難從中體會到線材是手作包重點細節的用心。

MOCHITE

MOCHITE

#8（相當於）/10m　全7色
材質：100%尼龍

最適合接縫提把＆皮革的手縫線。由於表面經過特殊樹脂塗層加工，是滑順度佳，且不易分岔的強韌線材。

製包專用車線共有兩種粗細度，粗款（#20）是具有適度延展度與強度的厚布用車線。由於較粗，因此也建議用於壓線。細款（#30）可融入棉布至合成皮等各種材質，能車縫出具有光澤的美麗縫線是其特色。

細緻的蕾絲緣飾・鉤織小物・頸飾

讓蕾絲鉤織陪伴你
度過每一個美好的日子吧！

從一枚花樣開始學蕾絲鉤織（暢銷版）
54種圖樣&65款作品拼接而成的蕾絲鉤織Life
風工房◎著

平裝／80頁／21×26cm
彩色＋單色／定價320元

自己動手作定番＆流行的裙款

今天出門要穿什麼衣服好呢？換上一件自己作的、帶著女人味的裙子，

一整天心情都不同了！比起市售的成衣，更多了手作的溫度＆自己裁剪縫製的心意在裡頭……

本書介紹各種不同的款式，從簡單就能完成的直線縫裙子、蓬鬆的圓裙，

到有點難度的拉鍊開口裙等，還有時尚的手帕式下襬裙、

具分量感的蛋糕裙、可愛滿點的吊帶裙、輕鬆自在的氣球裙、經典的百褶裙……

25款經典設計隨你挑！
自己作絕對好穿搭的手作裙
BOUTIQUE-SHA ◎授權
平裝／96 頁／21×26cm
彩色＋單色／定價 420 元

赤峰清香專題企劃
✕
編織提把
每天都想使用的私藏愛包

布包作家・赤峰清香老師的人氣連載。
本期將以有點特殊的素材＆手法，
製作冬季布包。

攝影＝回里純子　造型＝西森 萌　模特兒＝加納みずき

profile

赤峰清香

文化女子大學服裝學
科畢業。於VOGUE
學園東京校＆橫濱
校擔任講師。布包與
小物的體驗講座，由
於好懂且能作出好用
的優質作品，相當受
到歡迎。近期著作
《增補改訂版 家用
縫紉機OK！自己作
不退流行の帆布手作包（暫譯）》由日本
VOGUE社發行。
http://www.akamine-sayaka.com/

想要與冬裝搭配！
能感受手作溫暖的布包

「使用常見的素材，工整車縫出如市售品
般的作品……有別於以往貫常的想法，今年
冬天決定大膽嘗試製作帶有手工感的包款。」
赤峰老師這樣表示。說到冬裝，通常會選擇黑
色、深藍色或灰色等色彩沉穩的外搭。因此若
加上能夠感受到手工溫度的布包，似乎就能夠
營造出具有輕鬆感的時尚穿搭。本次選擇的表
布是家飾店的桌旗，粗曠的織布材質傳遞出了
民俗風的第一印象。再增添上以11號帆布細繩
製作的四股編織提把，便完成了如工藝品般的
設計包款。在真正寒冷的季節到來之前，請務
必動手製作＆擁有它喔！

44

四股編織提把是極具
存在感的設計亮點。
實用的內口袋也必不
可少。

可裝上市售的肩背
帶，手提 & 肩背都
OK的便利設計！

44

43

No. 44

ITEM｜拉鍊波奇包

作法｜P.102

以製作No.43托特包的剩餘布料完成的拉鍊收納
包。可將記事本、手機或閱讀中的隨身書籍等全部
放入收納，作為包中包。由於附有較長的提繩，因
此也能當成備用包使用。

裡布＝厚織棉布79號
（#3300-28・深紅）
／富士金梅®（川島商
事株式會社）

No. 43

ITEM｜編織提把托特包

作法｜P.102

以宛如魚骨紋般的編織桌旗製作托特包，
不但輕巧好保養，也具有寬側身的大容量
袋身，可廣泛使用於各種場合。

裡布＝厚織棉布79號（#3300-
28・深紅）／富士金梅®（川
島商事株式會社）　D形環＝D
形環20mm（SUN10-101・古
董金）／清原（株）

29 款清新風格
實搭手作包生活提案

內附紙型

★超豐富詳細作包技巧圖解

● 工具使用　● 打孔技巧　● 磁釦安裝
● 提把作法　● 肩背帶製作　● 拉鍊縫法

赤峰清香のHAPPY & BAGS

簡單就是態度！百搭實用的每日提袋&收納包

赤峰清香◎著

定價 450 元

平裝 96 頁／彩色 + 單色／23.3×29.7cm

令人期待冬天的季節單品

ECOFUR環保皮草小物

何不試著將想用來製作冬季小物的「環保皮草」加入手作之中呢？變化色彩&素材款式，將讓冬季的衣著搭配更加出色有趣喔！

最近經常聽到的「環保皮草」是？

常應用於秋冬單品的環保皮草，是指以合成纖維製成類似天然毛皮的仿皮草。就名稱而言，仿皮草的仿有「偽造」之意，但環保皮草則增添了「對環境友善」的態度意識，因此近年來已趨向於以「環保皮草」為通稱。本期介紹的royal rabbit boa和mochi mochi boa，也是以追求車縫簡易性&良好觸感為目標的環保皮草系列素材。

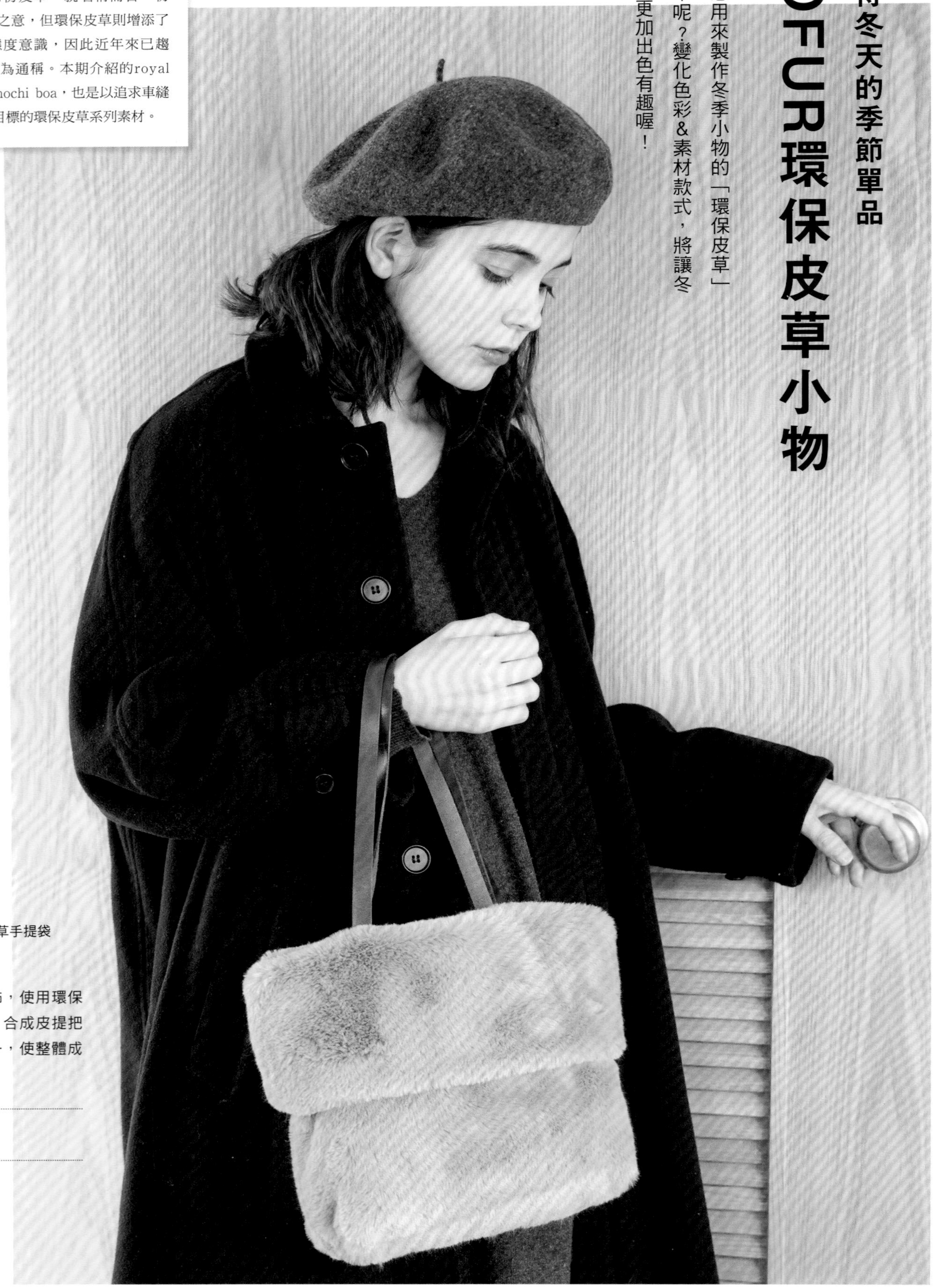

No. 45 ITEM｜環保皮草手提袋
作 法｜P.104

以寬幅的反摺為特色裝飾，使用環保皮草材質製作的手提袋。合成皮提把也是重點的風格要素之一，使整體成品具有市售品般的質感。

表布＝royal rabbit boa（棕色）／藤久（株）

攝影＝回里純子　造型＝西森 萌　妝髮＝タニジュンコ　模特兒＝加納みずき

No.
47
ITEM｜絨布坐墊
作 法｜P.82

摩洛哥式的單人坐墊pouf。以溫和滑順的短毛絨布製作，並裝上了FLATKNIT拉鍊，以便清洗更換。

表布A＝mochi mochi boa（深藍色） **表布B**＝mochi mochi boa（淺灰色）／藤久（株）

No.
46
ITEM｜環保皮草束口包
作 法｜P.104

以寬70cm×長50cm的環保皮草零碼布製作成的束口包。是為簡單穿搭增添重點的推薦單品。

表布＝royal rabbit boa（銀灰色）／藤久（株）

［ mochi mochi boa ］
尺寸：約70cm寬×100cm（1片）
材質：聚酯纖維100%

乳白色

淺灰色

深藍色

黑色

紅色

餅乾黃

［ royal rabbit boa ］
尺寸：約70cm寬×50cm（1片）
材質：聚酯纖維100%

銀灰色

砂礫米色

玫瑰粉

冰藍色

咖啡色

くぼでらようこ老師

今天，要學什麼布作技巧？

～環保皮草臉頰包～

布物作家くぼでらようこ老師的人氣連載。
本期就以冬季大受歡迎的環保皮草製作時尚手提包吧！

攝影＝回里純子　造型＝西森 萌
妝髮＝タニジュンコ　模特兒＝加納みずき

No.
48
ITEM｜環保皮草臉頰包
作 法｜P.105

兩側圓圓鼓起的形狀，宛如兔子或松鼠的臉
頰，因此命名叫「臉頰包」。由於底部為長
方形，因此裝入物品時的穩定性令人安心。
使用帶有光澤，毛長約3cm的環保皮草，作
出洋溢高級質感的包款吧！

表布＝Rex（淺咖啡色）／exterial fur shop（中野
meriyas工業株式会社）

寬31cm×高25cm×側身
24.5cm，容量空間相當充
足。以環保皮草餘布製作的
毛球，則成為了低調的可愛
裝飾。

profile

くぼでらようこ 老師

自服裝設計科畢業後，任職於該校教務部。2004年起
以布物作家的身分出道。經營dekobo工房。以布包、
收納包和生活周遭的物品為主，製作能點綴成熟簡約
穿搭的日常布物。除了提供作品給縫紉雜誌之外，也
擔任體驗講座和Vogue學園東京校・橫濱校的講師。
http://www.dekobo.com

提包開口為拉鍊式，提
把則使用可輕鬆接縫又
耐用的市售壓克力織帶
提把。

看完就會作，基礎圓球羊毛氈變身！

小雞、小貓咪、小倉鼠、小海豹、俄羅斯娃娃……
各式動物玩偶 1 小時圓滾滾登場！

1小時完成！
學會21隻萌系羊毛氈小動物（暢銷新裝版）
はっとりみどり◎著
平裝／96頁／21×26cm
彩色／定價 280 元

以優雅的設計獲得世界各地粉絲熱愛的
英國生活風格品牌LAURA ASHLEY，
內建該品牌刺繡圖案的縫紉機上市了！
何不試著將美麗的刺繡圖案增添於手作
品中，提升日常的生活情調呢？

令人心曠神怡的美麗刺繡
與LAURA ASHLEY相伴的生活日常

攝影＝回里純子　造型＝西森萌　模特兒＝加納みずき

No. 49

ITEM｜圍裙
作法｜P.113

在直條紋亞麻布圍裙
的口袋上，以玫瑰刺
繡作為裝飾。只要善
用單一重點裝飾的技
巧，就能加倍突顯刺
繡的設計。

表布＝直條紋亞麻布
（5500-1・C）／
KEI FABRIC

表布＝直條紋亞麻布
（5500-1・C）／
KEI FABRIC

No. 50

ITEM｜隔熱手套
作法｜P.106

以圍裙相同的亞麻布料
製作主體，且點綴上輕
盈散落的小朵玫瑰刺
繡，呈現出一致感。

No. 51

ITEM｜雙層拉鍊小肩包
作法｜P.28・P.101

以合成皮製作的雙拉鍊
斜肩小包。單色線條的
刺繡花朵，讓人感受到
LAURA ASHLEY特有
的優美。

表布＝合成皮GT-X
（219・cream beige）
配布＝合成皮GT-X
（224・medium
blue）／銀河工房（株
式會社SHIMURA）

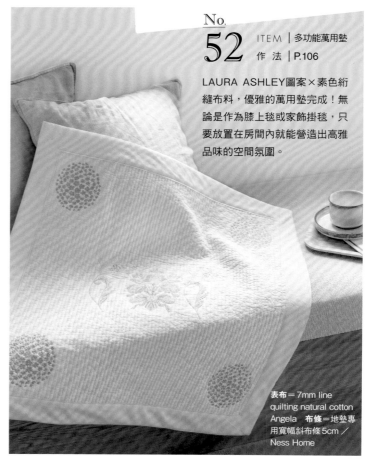

No. 52

ITEM｜多功能萬用墊
作法｜P.106

LAURA ASHLEY圖案×素色絎
縫布料，優雅的萬用墊完成！無
論是作為膝上毯或家飾掛毯，只
要放置在房間內就能營造出高雅
品味的空間氛圍。

表布＝7mm line
quilting natural cotton
Angela　布條＝地墊專
用寬幅斜布條5cm／
Ness Home

帶來美麗刺繡＆舒適車縫手感的多樣化機能

優良的車縫品質

前所未有的長壓布腳＆送布齒可牢牢地夾住布料。
送布齒更搭載了水平移動的「方形送布」模式，可
達到滑順的車縫手感。

豐富的內建刺繡圖案

標準配備除了有35種LAURA
ASHLEY圖案之外，還有文字（3種日
文假名字體・8種英數字字體）＆手藝
圖案（138款），並可從專門網站下載
刺繡圖檔進行擴充。

一個步驟自動穿線

只需壓下拉桿，就能將
線穿入針孔中。

自動剪線

只需按下按鈕，縫紉機
就能切斷上線和下線。
由於無需用剪刀剪斷，
因此可提昇製作效率。

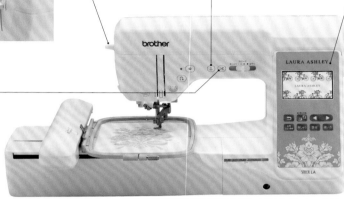

Manufactured by BROTHER SALES, LTD. under sublicense from Laura Ashley
© Laura Ashley 2019

Brother刺繡機的專用網站　Heart Stitches

除了LAURA ASHLEY之外，還有迪士尼等的卡通圖案、時尚的手藝圖樣，擁有
豐富的刺繡素材高達3,700種以上。由於會定期增加新的素材作品，建議可定期
追蹤。

【註冊・免年費】
https://sewco.brother.co.jp/heartstitches/

與岡理惠子一起
漫遊北海道の花草刺繡世界

以豐富多彩的北國風景為主題，
將清新自然的花草＆小動物濃縮成簡單素雅的風格，
創作出令人著迷的刺繡世界。

ten to sen・從點到線
清新・自然～刺繡人最愛的花草模樣手繡帖
點與線模樣製作所・岡理惠子◎著
平裝／88頁／21×26cm
彩色＋單色／定價320元

享受換裝樂趣の布娃娃 Natashaの冬天訊息
～福田とし子 Handmade ～

攝影＝回里純子　造型＝西森 萌

手藝設計師・福田とし子老師製作的時尚換裝布娃娃 Natasha連載，本期邁入第四季的最後篇章。一起來看看 Natasha珍藏的冬季時尚吧！

No. 53　ITEM｜Natasha娃娃主體
　　　　作 法｜P.107

No. 54　ITEM｜頭髮・服裝
　　　　作 法｜P.108

Natasha穿著剛織好的毛衣外出，卻被室外的寒冷嚇了一跳，天空看似快要下雪了！轉身立即回到屋內穿上新的牛角外套，鞋子也換成靴子——準備完成，那麼今天也活力滿滿地說「我要出門囉」！

profile

福田とし子

手藝設計師。持續在刺繡、針織以及布小物為主的手作書籍中帶來大量作品。以福田老師因個人喜愛創作而生的手縫布娃娃為主角，透過為期一年的時間，在此介紹Natasha娃娃的時尚穿搭。

https://pintactac.exblog.jp/

BODY

COAT

SOCKS

PANTS

BAG

KNIT

BOOTS

由於領子很有分量感，特別適合俐落的丸子頭造型。

對於到哪裡都要騎自行車的Natasha來說，皮革斜背包是絕對的必需品。

以木珠作為牛角釦的牛角大衣。Natasha最愛經典的深藍色了！

以襪子拼接製成的針織毛衣，是織紋＆色彩樣式活潑的時髦單品。

與布小物作家細尾典子老師一起享受季節活動的手作連載第2期。
NEW YEAR——為歡慶新年作準備吧！

Seasonal Handmade Recipe
from Noriko Hosoo

細尾典子の
創意季節手作

~HAPPY！New Year~

攝影＝回里純子　造型＝西森 萌

No.
55
ITEM｜新春賀卡信插
作 法｜P.110

在籃子中裝入祝賀新年的心意，
使空間＆觀賞者感染上歡樂的氛
圍。就以印上2020年份的香檳
酒瓶，祈求新年的幸福吧！

大家希望2020年是怎麼樣的一年
呢？充滿歡笑、活力滿滿地開心度
過每一天——寄託著期待與歡愉心
情的新春賀卡信插，只要插上重要
之人寄來的賀年卡和信件就大功告
成！

profile ——

細尾典子

現居於神奈川縣。以原創設計享受日常小物製
作樂趣的布小物作家。長年於神奈川縣·東戶
塚經營拼布、布小物教室。有不少配合學生需
求，設計尺寸和款式的小物。將在此連載會讓
人莞爾一笑，且方便使用的季節小物。

📷 @norico.107

ITEM｜**嘰嘰收納包**

（欣賞作品）

2020年的生肖是老鼠，因此將似乎
正在嘰嘰叫的圓滾滾老鼠設計成了收
納包。附有方便拆卸的問號鉤提繩，
亦能掛在包包提把上使用，非常便利
實用。

翻至背面……太出
人意料了！老鼠正
抱著最愛的起司
呢！

就是可愛的38款
幸福感手作包·波奇包·壁飾·布花圈·胸花手作典藏

本書超人氣收錄兼具實用功能及裝飾性的手作包、波奇包、壁飾、布花圈、胸花等，
以圖解說明作法，並收錄基礎拼布、繡法、貼布縫等基本技巧教學，
適合具有拼布基礎的初學者及喜歡復刻布風格拼布設計的進階者，
以明亮色彩的調和就能為平凡的創作日常，
帶來更多有趣的新鮮感，亦能增添生活的多元面貌，
「可愛與快樂」是松山敦子老師堅持創作了30年的幸福原點，
希望能以這樣的出發點，感染每一位喜愛拼布創作的您，
喜歡松山敦子老師的風格的您，
也一定要試著製作看看喲！

Happy & Lovely!松山敦子の甜蜜復刻拼布

松山敦子◎著
平裝／88頁／21×26cm
彩色／定價450元

在喜愛的印花布上，
一針一針地進行俄羅斯刺繡。

若將繡線、車縫線或多餘的毛線等線材裝在俄羅斯刺繡針上，只需戳一戳布料表面，即可簡單＆快速地完成刺繡。選一款心愛的印花布料當作底圖，就能直接如著色般地進行刺繡。完成後，裝上繽紛的刺繡框，展示在屋內也是極美的裝飾喔！

有趣的俄羅斯刺繡！
凜冽寒風中，
冬的針線活。

窩在家中一針一線地享受冬季針線活的季節來了！
試著以俄羅斯刺繡針，如繪畫般地進行刺繡應該會很有趣吧？

攝影＝島田佳奈　作品製作＝mameko（木村麻美）

左上・刺繡框＝繽紛刺繡框（57-258）／Clover株式会社
　　　表布＝平織布～COTTON+STEEL（RP-202-CR1L）
左下・刺繡框＝繽紛刺繡框（57-261）／Clover株式会社
　　　表布＝平織布～COTTON+STEEL（AB8053-012）
中央・刺繡框＝繽紛刺繡框（57-258）／Clover株式会社
　　　表布＝平織布～COTTON+STEEL（RP103-LE4C）
右　・刺繡框＝繽紛刺繡框（57-264）／Clover株式会社
　　　表布＝平織布～COTTON+STEEL（RP208-MI3）／COTTON+STEEL

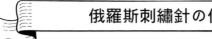

俄羅斯刺繡針の使用方法

【穿線】

5

約3cm

從針頭側面的針孔慢慢地拉出穿線片，使繡線穿出側面針孔約3cm。

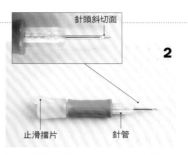

針頭斜切面

2

止滑擋片　針管

將針插入針管中，針頭斜切面與止滑擋片方向對齊。

頂端　握柄

1

以手抓住並固定頂端，另一隻手將握柄朝箭頭方向轉開。

4

繡線拉出針頭約5cm長後，將穿線片穿入針頭的側面針孔之中，並使繡線穿過鐵絲針眼備用。

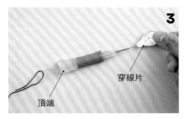

穿線片

頂端

3

使穿線片的鐵絲針眼從針孔穿入＆從頂端穿出後，將繡線穿過鐵絲針眼，再慢慢地拉動穿線片，將繡線從針頭拉出。

【回針繡風格的繡法】

俄羅斯刺繡框

1

將想要刺繡的布料，安裝於俄羅斯刺繡框中。

3

針頭盡可能不要離開布料，於布料上以滑動的方式，依第2針、第3針的順序刺繡。

2

戳入針頭直至針管根部，再直接往上拉起。

【緞面繡風格的繡法】

5

繡完最後一針後，在布料背面剪斷繡線。

4

當移動刺繡針時，使針保持與布料呈垂直向上提起，再沿著線條前進刺繡。

2

針頭不要離開布料，以滑動般前進的方式進行刺繡是訣竅。

1

保持針頭的斜切面朝向同一方向，進行Z字形刺繡。

【背面的收尾方式】

布用強力膠「黏貼工作」

商品編號：58-444

2

細微處建議以牙籤輔助塗抹。處理1股線的線圈時，請對準線圈根部塗抹。最後墊上烤盤紙，以熨斗輕壓固定。

1

在刺繡完成的布料背面，塗滿布用強力膠。

～POINT～

刻度

5
4
3
2
1
0

當繡線脫落時，將刺繡針刻度調小。刻度變小，背面形成的線圈就會變長，線條也變得不易脫落。

Faith
*does not make
things easy,
it makes them
possible*

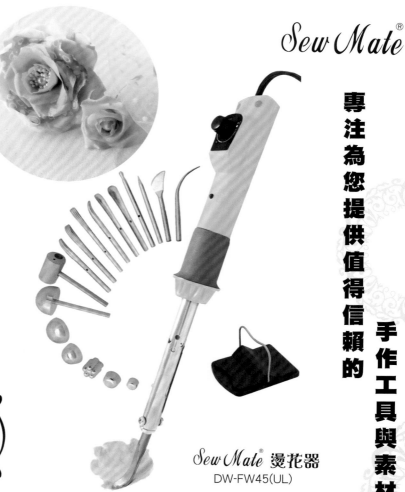

Sew Mate®

Sew Mate® 燙花器
DW-FW45(UL)

Sew Mate® 季刊　No. 11

現在加入加米修線上購物網，
購物滿1000元以上，
送最新 Sew Mate 季刊一本.

德國 Madeira 線材
Madeira德國繡線專業製造商，以高品質及不斷研發創新並帶領時尚潮流而享譽全球。

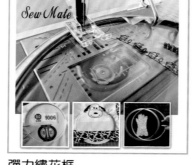

彈力繡花框
專為機縫刺繡、貼布繡使用，讓刺繡平整，適用於手縫刺繡，滑順彈力設計手把方便刺繡過程中輕鬆將手把方向轉向，讓刺繡更順暢.

3合一記號骨筆
將記號骨筆與點線器作完美結合，內建三款滾輪可以需求自行更換使用，聰明工具絕對值得擁有！

美國Warm鋪棉
100% 美國純棉本色 Warm & Natural
100% 美國純棉立體鋪棉 Warm & Plush
專為拼布被設計，代代相傳的高品質選擇！

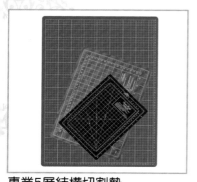

專業5層結構切割墊
為專業切割設計，自動癒合表面，耐久使用，最大尺寸：100x200cm。

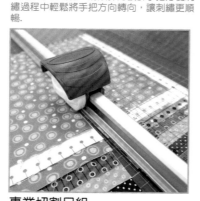

專業切割尺組
將刀具與定規尺合而為一，提供最穩的施力設計與最大裁切面積功能。

Sew Mate典雅剪刀系列
刀口精密研磨，剪裁更精準，整支剪刀各個部份經過特別技術處理後，使用更加輕巧與銳利。適合拼布洋裁使用。

美國SAS2熱融雙面膠襯
適用於彩繪玻璃拼布及Celtic (克爾特)拼布最佳膠襯而熨燙蕾絲貼布、密針縫、繡貼不可或缺的好材料！

米修有限公司 SEWMATE CO.,LTD.
259台中市大里區大衛路6-2號
Tel：886-4-24079436 Fax：886-4-24079028
mail：info@sewmate.com.tw
www.sewmate.com.tw

 Sew Mate®

 garmisch®

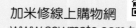 加米修線上購物網

 www.sewmate.com.tw/shop1

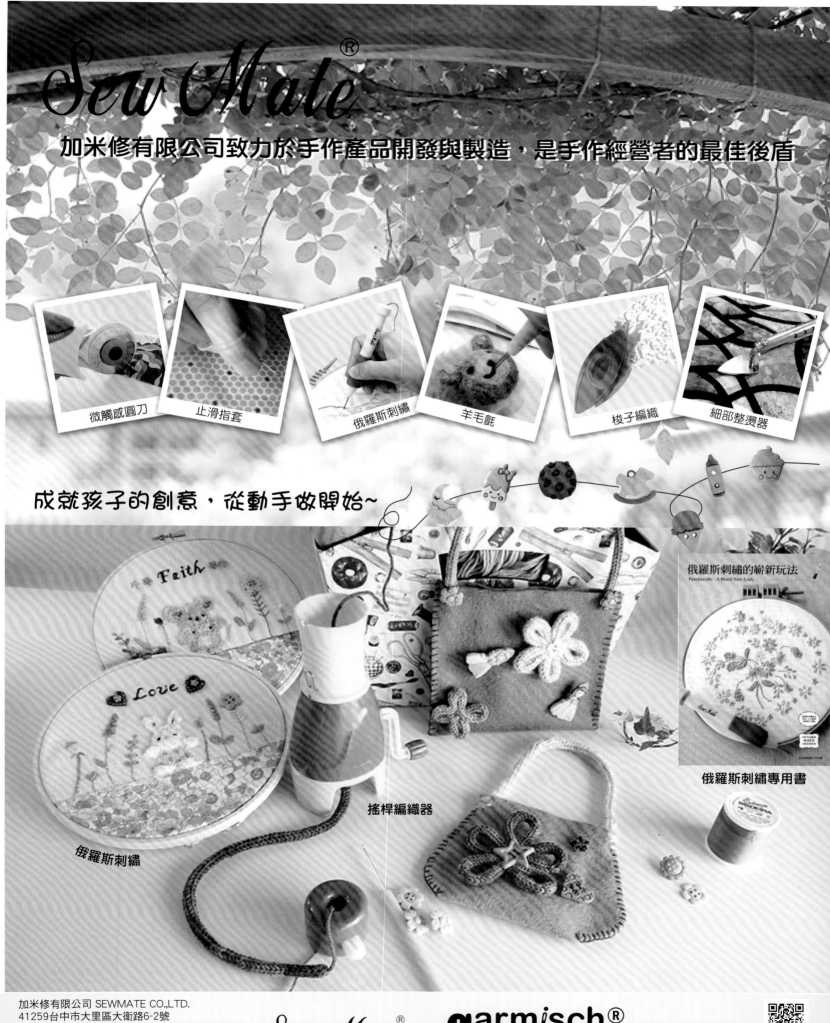

Sew Mate ®

加米修有限公司致力於手作產品開發與製造，是手作經營者的最佳後盾

微觸感圓刀　　止滑指套　　俄羅斯刺繡　　羊毛氈　　梭子編織　　細部整燙器

成就孩子的創意，從動手做開始~

俄羅斯刺繡的嶄新玩法
Punchneedle - A Brand New Look

俄羅斯刺繡專用書

搖桿編織器

俄羅斯刺繡

加米修有限公司 SEWMATE CO.,LTD.
41259台中市大里區大衛路6-2號
Tel：886-4-24079436　Fax：886-4-24079028
E-mail：info@sewmate.com.tw
www.sewmate.com.tw

Sew Mate ®

garmisch ®

加米修線上購物網
www.sewmate.com.tw/shop1

刺繡初學者 OK！

自由穿梭色彩

令人著迷創作的珠繡飾品設計

★以緞面繡為主要針法，以小面積的耳環作品為主題，無需學會多種刺繡技巧，輕鬆
  製作正是它的魅力。

★結合珠飾・亮片・羽毛・刺繡，創造出無限種可能的組合，只要一個小小的改變，
  就能作出獨一無二的原創品。

★提取某一段記憶中的風景、自然的生物、想像中的情境，將濃縮的印象畫面色彩布
  置在每一個小小的作品圖中，就能讓配色＆構圖都擁有令人觸動的感情。

小小一個就很亮眼！迷人の珠繡飾品設計

haitmonica◎著
平裝／80頁／21×26cm
彩色+單色／定價380元

讓人一眼就愛上的
斉藤謠子流質感風格日常
手作服&百搭布包

本書超人氣收錄日本拼布名師——斉藤謠子個人喜愛的質感風日常手作服＆布包，秉持著「每一天都想穿」「快速穿搭」「舒適顯瘦」的三大設計重點，有別於拼布作法，書中收錄的手作服及布包皆以簡易速成、實用百搭作為設計理念完成，斉藤老師展現了有別於以往的拼布印象，以自身喜愛的北歐風布料，製作日常愛用的服飾及隨身包，使手作更加貼近生活，也讓熱愛布作的初學者，能夠拓展拼布風格之外的全新學習視角。

斉藤謠子の質感日常
自然風手作服&實用布包
斉藤謠子◎著
定價580元
21×26cm・96頁・彩色+單色

製作方法
COTTON FRIEND 用法指南

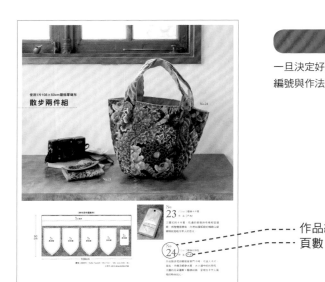

作品頁

一旦決定好要製作的作品，請先確認作品
編號與作法頁。

作品編號
頁數

作法頁

翻至作品對應的作法頁，依指示製作。

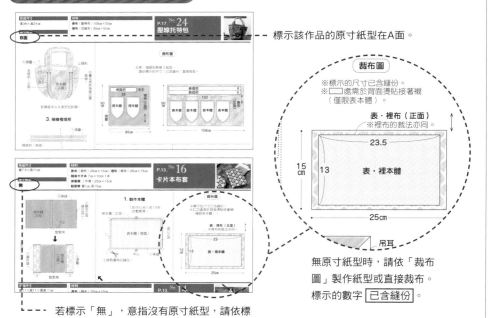

標示該作品的原寸紙型在A面。

裁布圖

※標示的尺寸已含縫份。
※□□處需於背面燙貼接著襯
（僅限表本體）。

表・裡布（正面）
※裡布的裁法亦同。

無原寸紙型時，請依「裁布
圖」製作紙型或直接裁布。
標示的數字 已含縫份。

若標示「無」，意指沒有原寸紙型，請依標
示尺寸進行作業。

原寸紙型

原寸紙型共有A・B・C・D面。

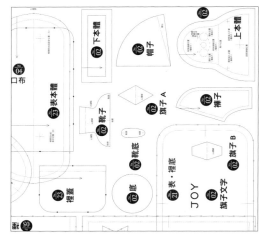

請依作品編號與線條種類尋找所需紙型。
紙型 已含縫份 。請以牛皮紙或描圖紙複寫粗線後使用。

本書使用的接著襯

Ⓥ=Vilene　Ⓢ=Swany

接著鋪棉	包包用接著襯		極厚	厚	中薄	薄

單膠鋪棉Soft
アウリスママ（MK-DS-1P）
／Ⓥ

單面有膠，可以熨斗燙貼，
成品觸感鬆軟且帶有厚度。

Swany Medium／Ⓢ
偏硬有彈性，可讓作
品擁有張力與維持形
狀。

Swany Soft／Ⓢ
從薄布到厚布均適用，
能活用質感展現柔軟
度。

**接著襯 アウリスママ
（AM-W5）／Ⓥ**
厚如紙板，但彈性佳，
可保持形狀堅挺。

**接著襯 アウリスママ
（AM-W4）／Ⓥ**
兼具硬度與厚度的扎實
觸感。有彈性，可保持
形狀堅挺。

**接著襯 アウリスママ
（AM-W3）／Ⓥ**
富張力與韌性，兼具柔
軟度，可作出漂亮的皺
褶與褶。

**接著襯 アウリスママ
（AM-W2）／Ⓥ**
質地薄，略帶張力的自
然觸感。

完成尺寸	材料（■…S・■…M・■…L・■…共用・3個量）
S：直徑6.3cm×高19cm	表布（平織布）25cm×25cm・30cm×30cm・30cm×30cm
M：直徑7.3cm×高22cm	接著襯（極厚）50cm×50cm
L：直徑8cm×高24cm	填充塑膠粒・填充棉 各適量

P.08_ No. 03

聖誕樹 S・M・L

原寸紙型

A面

---

2. 填入棉花&塑膠粒

①抽拉縮縫線，預留10cm返口不縫，以藏針縫接縫本體&底部。

②填入棉花&塑膠粒。

❸覆蓋上棉花。

❷倒入塑膠粒。

❶自頂端起至3/4處，扎實地填入棉花。

約10cm

M底（正面）

M本體（正面）

M本體（背面）

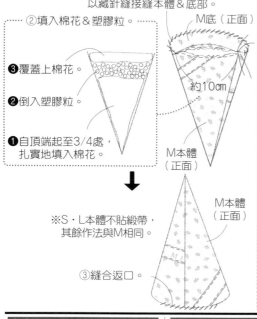

※S・L本體不貼緞帶，其餘作法與M相同。

M本體（正面）

③縫合返口。

1. 製作本體

①兩邊內摺後車縫。

緞帶（正面）

車縫。

1

1.8

0.2

M本體（正面）

M本體（背面）

②剪去突出外側的部分。

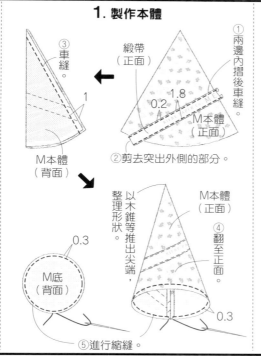

0.3

M底（背面）

M本體（正面）

M本體（正面）

④翻至正面。

以木錐等推出尖端，整理形狀。

0.3

⑤進行縮縫。

裁布圖

※緞帶無原寸紙型，請依標示的尺寸（已含縫份）直接裁剪。

※□處需於背面燙貼接著襯。

※■…S・■…M・■…L

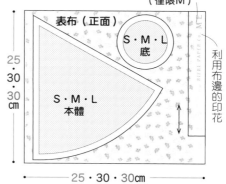

緞帶2.8×21cm（僅限M）

表布（正面）

S・M・L底

S・M・L本體

25・30・30cm

25・30・30cm

利用布邊的印花

完成尺寸	材料（1個量）
寬18.5×高32cm	表布（平織布）45cm×35cm／裡布（棉布）45cm×35cm
	配布A（羊毛布）15cm×35cm
原寸紙型	配布B（平織布）15cm×10cm
A面	配布C（平織布）5cm×5cm
	單膠鋪棉 45cm×35cm／包鈕組 1.8cm1組

P.08_ No. 04

聖誕襪

---

⑨車縫。

0.2

⑧翻至正面，裡本體放進表本體內，並車縫返口。

表本體（正面）

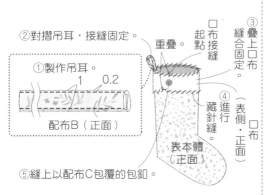

3. 接縫口布

②對摺吊耳，接縫固定。

①製作吊耳。

1 0.2

配布B（正面）

⑤縫上以配布C包覆的包鈕。

口布接縫起點

重疊

③疊上口布接縫固定。

④藏針縫

表側・正面

口布・正面

表本體（正面）

2. 製作本體

②裡本體作法亦同。

表本體（正面）

表本體（背面）

1

止縫點

1

①車縫

止縫點

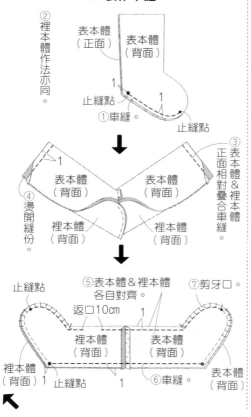

③表本體&裡本體正面相對疊合車縫。

1

表本體（背面）

表本體（背面）

④燙開縫份。

裡本體（背面）

裡本體（背面）

⑤表本體&裡本體各自對齊。

止縫點

返口10cm

1

裡本體（背面）

表本體（背面）

裡本體（背面）1 止縫點 1

⑦剪牙口。

⑥車縫。

表本體（背面）

裁布圖

※□處需於背面燙貼單膠鋪棉（僅限表本體）。

※吊耳無原寸紙型，請依標示的尺寸（已含縫份）直接裁剪。

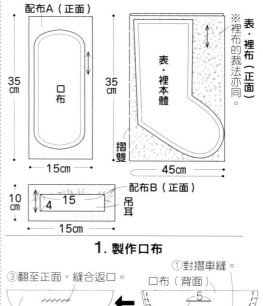

配布A（正面）

35cm

口布

15cm

表・裡本體（正面）

35cm

表・裡本體

摺雙

45cm

※表・裡布的裁法亦同。

配布B（正面）

10cm

4 15

吊耳

15cm

1. 製作口布

③翻至正面，縫合返口。

口布（背面）

口布（裡側・正面）

①對摺車縫。

口布（背面）

5

1

②剪切口。

完成尺寸
寬13.2×高10.5×高3.5cm

原寸紙型
D 面

材料
表布（棉布）55cm×25cm／**裡布**（棉布）50cm×25cm
配布A（棉布）20cm×15cm／**配布B**（棉布）10cm×10cm
灰色硬紙板（厚2.5mm）30cm×20cm
白色硬紙板（厚2mm）30cm×20cm／**厚紙板**15cm×15cm
肯特紙 45cm×35cm／**棉織帶** 寬1cm長5cm
水兵帶 寬1cm長25cm／**25號繡線**（綠色・紅色）

P.06_ No. 01
**聖誕節的
迷你BOX**

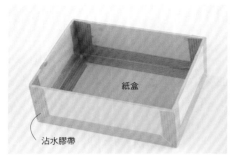

④將沾水膠帶貼至①製作的盒子外側、內側及所有邊角。

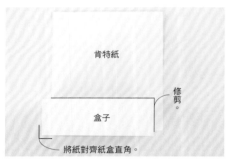

⑤將紙盒表面貼上肯特紙，增加光滑度。並於紙盒側面塗上白膠，將紙對齊紙盒直角黏上，再依盒形修剪肯特紙。

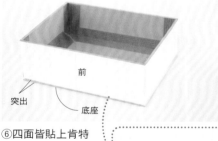

⑥四面皆貼上肯特紙，底部貼上如圖示裁剪的白色硬紙板，當成底座。底座與後側齊邊，但稍微突出前側。

13.2
10.2　底座

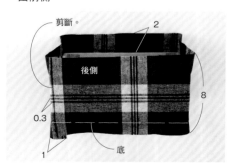

剪斷。
後側
底
0.3
1
2
8

⑦側面貼上表布（50cm×8cm），上方預留2cm摺份。先在後側貼上1cm表布作為起始，繞四面黏貼一圈後，在距後側0.3cm（硬紙板的厚度）處裁剪多餘的表布。

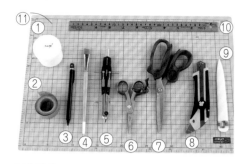

布盒工具
①白膠（布盒用）②沾水膠帶③細筆尖鉛筆④水彩筆⑤圓規⑥剪刀⑦布用剪刀⑧美工刀⑨布盒用骨筆⑩鐵尺⑪切割墊

1. 組裝盒子

4.5　後側　13
　　　　　　　　　　分隔位置
9.5　側面　9.5　12.5
　　　　　　　底　側面
　　　　　　　4.5
前側

①依圖示尺寸裁剪灰色硬紙板，並於底部畫上分隔記號線。以白膠黏貼成盒狀，先組合側面，再組合前後側。

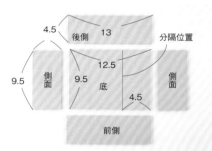

沾水膠帶
摺疊。

②依黏貼邊的長度裁剪沾水膠帶，並斜裁邊端以避免在邊角重疊黏貼。黏貼面帶光澤，貼在紙盒外側時，黏貼面朝內對摺；貼在紙盒內側時，黏貼面朝外對摺。

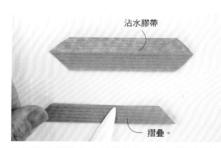

沾水膠帶
（黏貼面）

③以水彩筆塗上水。

【進行刺繡】

法國結粒繡
飛羽繡

於配布A上進行刺繡，作為步驟2.-②製作內蓋時的備用材料。

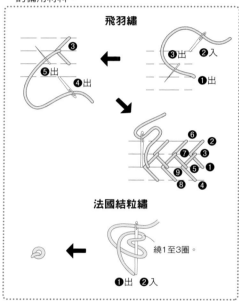

飛羽繡

法國結粒繡
繞1至3圈。
❶出　❷入

【布盒】

●黏合兩素材時，將白膠塗在較厚的素材上，即硬紙板＞厚紙＞肯特紙＞布。
●以水彩筆均勻地塗上布盒用白膠。較不易黏牢的邊端也不要遺漏。由於白膠易乾，請盡量快速完成作業。
●厚紙的塗膠可以略厚一些，布料則應塗少一點以免滲及表面。
●牙口處及裁切邊等處，須先上膠&靜置乾燥，以防綻線虛邊。
●準備濕毛巾等，隨時擦拭沾附於手上的白膠，以保持作品乾淨。

66

3. 黏貼內側片

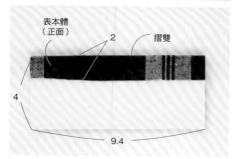

表本體
（正面）

2

摺雙

4

9.4

①如圖所示，以白色硬紙板裁剪隔板，並將4cm寬的表布對摺&貼於隔板上方。

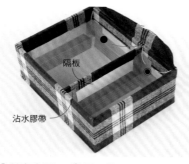

隔板

沾水膠帶

②對齊步驟1.-①標示的分隔記號，放入&以白膠黏上隔板，再以沾水膠帶加強黏貼固定。完成後，測量隔板至盒子左右側的內寸。

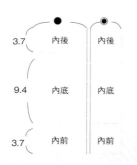

3.7	內後	內後
9.4	內底	內底
3.7	內前	內前

③依據②測量的尺寸裁剪內底&內前・內後肯特紙，並放入盒內確認尺寸符合。

④依步驟2.-①作法將兩片內底的肯特紙貼至裡布上，裡布周圍摺份向上翻摺後，將內底黏貼固定於盒內底部。

盒子後側的內尺寸

4

合頁布
（表布・正面）

⑫如圖所示，以表布裁剪合頁布。

2. 製作外底&內蓋

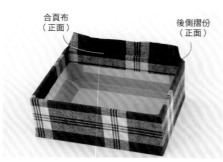

斜裁。

1

厚度

12.4

表布
（背面）

9.4

外底

1

①如圖所示，以肯特紙裁剪外底，並貼至周圍大1cm的表布背面上，再在邊角處預留紙張厚度，斜裁四個角。

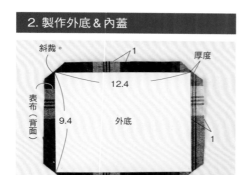

外底

②內摺摺份&黏合在肯特紙上。依步驟①②相同作法，以完成刺繡的配布A製作內蓋。

底座

⑧將底側（底座）邊角處多餘的摺份摺立起來&剪掉。

底座

⑨將布邊黏合於底座上。

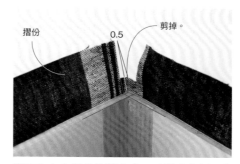

摺份

0.5

剪掉。

⑩表布上方摺份的轉角處，以紙盒內側面為裁布基準線，約預留0.5cm高的布段進行裁剪。四個角作法相同。

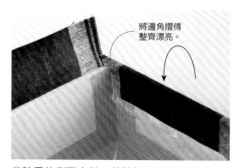

將邊角摺得整齊漂亮。

⑪除了後側面之外，將其他三面的摺份摺入盒內黏貼，並注意邊角要黏貼整齊。

其中間部分（合頁布製作）：

合頁布
（正面）

後側摺份
（正面）

⑬合頁布&後側摺份正面相對重疊貼合。

5. 貼上盒蓋&外底

①將盒蓋&合頁布稍作黏合，先確認盒蓋能否蓋上，再以膠水黏合固定。

②將步驟2.製作的內蓋貼至內側。

③將步驟2.製作的外底貼至底部。

④完成！

②將表蓋用的圖書紙貼至周圍大1cm的表布背面。表布配合圓框剪空，並留預0.5cm摺份&剪牙口黏至繪畫紙上。

③從背面將水兵帶黏至圓框邊緣。以配布B裁剪約直徑8cm的圓片，自表蓋背面黏貼固定填滿圓框。

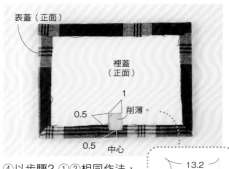

④以步驟2-①②相同作法，於表蓋的背面貼上裡蓋用的白色硬紙板。接著依圖示位置&尺寸，以美工刀將硬紙板削薄兩片棉織帶的厚度。

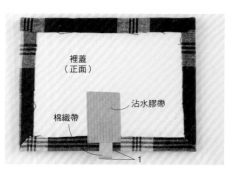

⑤將5cm長棉織帶對摺，放至削薄的位置，先以白膠固定，再貼上沾水膠帶補強，並壓上重物靜置片刻。

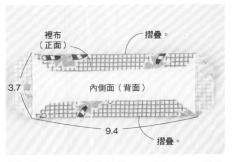

⑤如圖所示，以肯特紙裁剪四片內側面，依步驟2.-①作法貼至裡布上，僅摺疊&黏貼上下摺份，不摺疊左右側。

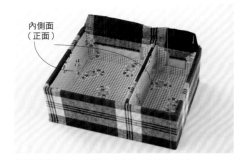

⑥將⑤黏貼於盒子內側面&隔板側面。

⑦將③裁剪的四片內前片&內後片，以肯特紙依步驟2.-①・②貼至裡布上，再貼至盒內固定。

4. 製作盒蓋

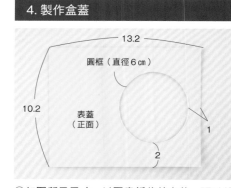

⑤如圖所示尺寸，以圖書紙裁剪表蓋，再以美工刀割一個中空圓框。

68

聖誕節小掛飾

完成尺寸

小雞：寬12.5×長7cm
房屋：寬10×長13cm
聖誕樹：寬8×長10cm
星星：寬11×長9.5cm
達拉木馬：寬11×長10cm
雪人：寬5.5×長12.5cm

原寸紙型

A面

材料

表布A至G（棉布）30cm×15cm／表布H（棉布）30cm×25cm
單膠鋪棉 90cm×30cm／麻繩 10cm
緞帶 寬0.3cm長30cm 6條／水兵帶 寬0.5cm長20cm
特大串珠（黑色）4顆／木珠（直徑7mm）2顆
亮片・大圓・小圓串珠 適量／吊飾 1個
珍珠（直徑5mm）5顆／絨毛球（直徑1cm）適量

〈達拉木馬〉

①以表布H裁剪2片達拉木馬，並燙貼單膠鋪棉。

②參見小雞作法將達拉木馬正面相對疊合，預留返口後車縫。

⑤將20cm緞帶對摺黏上。

⑥裝上吊飾

④黏上水兵帶

③翻至正面，縫合返口。

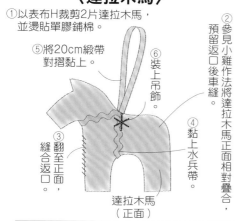

達拉木馬（正面）

〈雪人〉

①以表布G裁剪2片雪人，並燙貼單膠鋪棉。

②參見小雞作法將雪人正面相對疊合，預留返口後車縫。

⑦將20cm緞帶對摺黏上。

⑤以表布B裁剪鼻子黏上。

④縫上特大串珠。

③翻至正面，縫合返口。

⑥以油性筆畫上嘴巴。

雪人（正面）

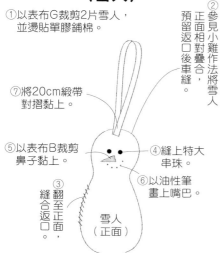

❶以表布H裁剪。

❷捲起。

3

❸打結。

⑫圍上領巾

❶背面相對疊合以雙面膠帶黏合固定。

帽子

表布E

❷裁剪。

⑪黏上帽子。

領巾（正面）

⑩在繩端打結，並止縫固定於雪人側邊。

⑧將木珠穿進5cm麻繩。

⑨將繩端打結＆塗上膠水加強固定。

雪人（正面）

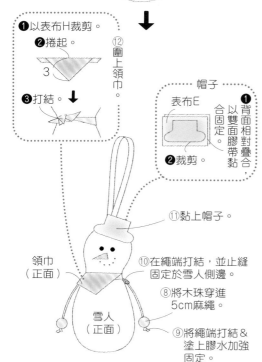

〈聖誕樹〉

⑤翻至正面。

①以表布B裁剪樹幹。

樹幹（背面）

④車縫

樹幹（正面）

摺雙側

0.7　0.7

②燙貼單膠鋪棉

③摺疊。

⑥以表布E裁剪2片樹體，並燙貼單膠鋪棉。

⑩將20cm緞帶對摺黏上。

⑪將10cm緞帶打成蝴蝶結黏上。

⑦參見小雞作法，將樹體正面相對疊合，預留接縫樹幹的位置車縫。

⑫黏上亮片。

⑨縫上大圓串珠。

0.7

樹體（正面）

樹幹（正面）

摺雙側

⑧翻至正面，插入樹幹後以藏針縫縫合。

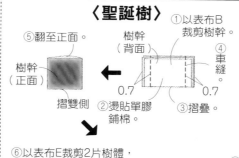 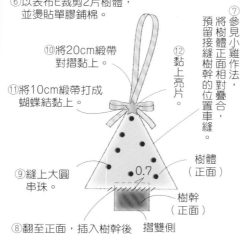

〈星星〉

①以表布F裁剪2片星星，並燙貼單膠鋪棉。
②參見小雞作法將星星正面相對疊合，預留返口後車縫。

④將各尖角縫上珍珠。

星星（正面）

⑤縫上亮片。

小圓串珠

亮片

③翻至正面，縫合返口。

⑥將20cm緞帶對摺黏上。

⑦將10cm緞帶打成蝴蝶結黏上。

星星（正面）

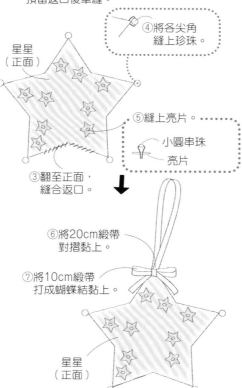

〈小雞〉

①以表布A裁剪2片。

③正面相對疊合車縫。

小雞（正面）

小雞（背面）

②燙貼單膠鋪棉。

0.7

返口

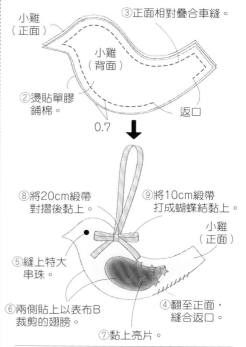

⑧將20cm緞帶對摺後黏上。

⑨將10cm緞帶打成蝴蝶結黏上。

小雞（正面）

⑤縫上特大串珠。

④翻至正面，縫合返口。

⑥兩側貼上以表布B裁剪的翅膀。

⑦黏上亮片。

〈房屋〉

①以表布C裁剪屋頂，表布D裁剪屋子，各裁剪2片備用。

②燙貼接著襯。

④車縫。

屋頂（背面）

0.7

屋子（背面）

③縫合屋頂與屋子，縫份倒向屋頂側。

返口

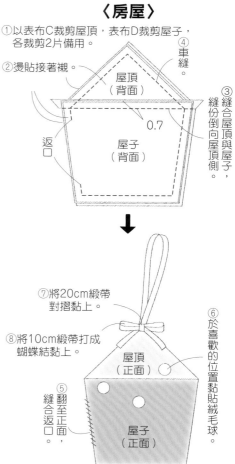

⑦將20cm緞帶對摺黏上。

⑧將10cm緞帶打成蝴蝶結黏上。

屋頂（正面）

⑥於喜歡的位置黏貼絨毛球。

⑤翻至正面，縫合返口。

屋子（正面）

完成尺寸
高約22cm

原寸紙型
A面

材料
【本體】表布A（超細纖維毛巾）25cm×20cm
表布B（棉布）30cm×20cm／表布C（不織布）15cm×15cm
厚紙10×10cm／鐵絲 粗0.4cm長15cm
串珠（黑色）直徑3mm 6顆／絨毛球 直徑1cm1個
樹技 2根／鈕釦 1.5cm 1顆／填充棉・填充塑膠粒 各適量
【裝飾配件】配布（軟網紗）130cm×5cm
緞帶 寬0.5cm長45cm／包裝紙（樂譜圖案）10cm×10 cm
圖畫紙（紅色・粉紅色・水藍色・白色）各10cm×10cm
毛根（銀色）15cm／串珠 4顆／珍珠 1cm 1顆
金蔥繩（紅色・粉紅色）粗0.2cm各35cm
金蔥指甲油・金蔥粉

⑰以蠟筆畫上鼻子&腮紅。
⑭縫上絨毛球。
上本體（前側・正面）
約8cm
⑯以錐子在插入樹枝的位置開洞，插入樹枝，並以樹膠水黏合固定。
下本體（正面）
褲子（正面）
⑮鈕縫釦上。
⑬將褲子疊於底部，縫合固定。
※另一組不縫串珠，其餘作法相同。

3. 製作腳部
①於腳部用布的背面塗膠，纏捲包覆鐵絲。
腳（正面）7

③以對針縫縫合。（參見P.108_No54步驟2.）
靴子（正面）
②摺疊。
④塞入棉花，縫合靴底。
靴底（背面）
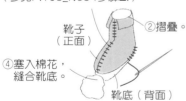
褲子（正面）
⑤腳部插入褲管內。
2
2.5
※另一隻作法亦同。
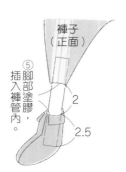

2. 製作本體
①縫上黑色串珠。
上本體（前側・正面）
下本體（背面）1
②車縫。
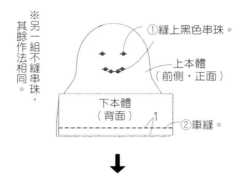
④車縫。
⑤於縫份剪牙口。
上本體（正面）
上本體（背面）
⑥燙開縫份。
③縫份倒向下本體側。
下本體（背面）下本體（正面）
0.5
⑦進行縮縫。
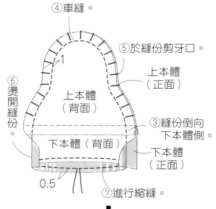
⑩蓋上棉花。
⑨填入塑膠粒。
⑧扎實地填入棉花，直至樹枝插入位置的下方。
底
下本體（正面）
⑪沿底緣拉收縫線。
⑫脖子綁上線。
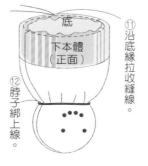

裁布圖
※腳部無原寸紙型，請依標示的尺寸（已含縫份）直接裁剪。
※裝飾配件的部件無裁布圖，請參見作法的說明。

腳7×1cm
上本體 上本體
表布A（正面）
20cm
25cm
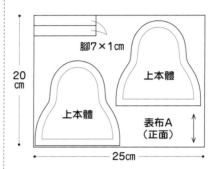

表布B（正面）
褲片 褲片 褲片 褲片
下本體 下本體
20cm 30cm
紙型翻面，裁剪2片褲片。
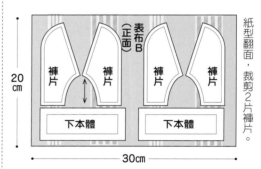

表布C（正面）
靴子 靴底 靴子
15cm 15cm
厚紙（正面）底
10cm 10cm

1. 製作褲子
褲片（正面）
②燙開縫份。
④車縫。
③燙開縫份。
褲片（背面）0.5 0.5
褲片（正面）0.5 返口5cm
①車縫。
⑤翻至正面，縫合返口。
※另一組褲片作法相同，但不預留返口。
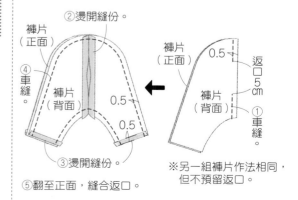

70

4. 加上裝飾配件

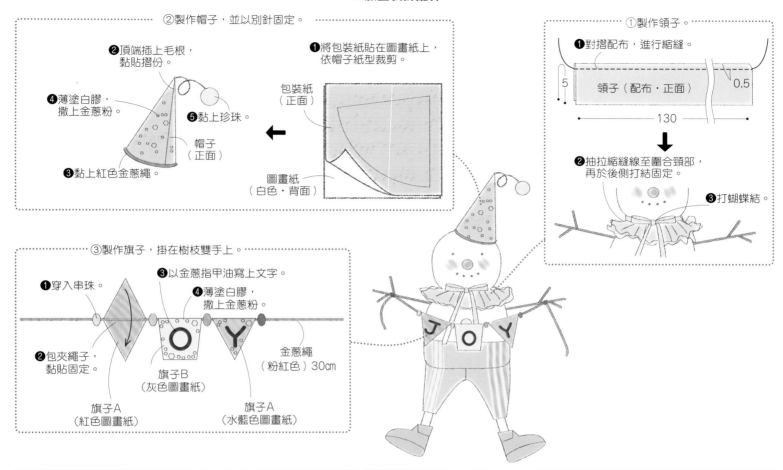

②製作帽子，並以別針固定。

❷頂端插上毛根，黏貼摺份。

❹薄塗白膠，撒上金蔥粉。

❺黏上珍珠。

❸黏上紅色金蔥繩。

帽子（正面）

❶將包裝紙貼在圖畫紙上，依帽子紙型裁剪。

包裝紙（正面）

圖畫紙（白色・背面）

①製作領子。

❶對摺配布，進行縮縫。

5　領子（配布・正面）　0.5

130

❷抽拉縮縫線至圍合頸部，再於後側打結固定。

❸打蝴蝶結。

③製作旗子，掛在樹枝雙手上。

❶穿入串珠。

❸以金蔥指甲油寫上文字。

❹薄塗白膠，撒上金蔥粉。

❷包夾繩子，黏貼固定。

旗子B（灰色圖畫紙）

旗子A（紅色圖畫紙）

旗子A（水藍色圖畫紙）

金蔥繩（粉紅色）30cm

完成尺寸	材料	P.13 No.15
寬10×高7×側身2cm	表布（棉布）15cm×20cm／裡布（棉布）15cm×20cm	迷你波奇包
原寸紙型	配布（棉布）15cm×15cm	
D面	單膠鋪棉 15cm×20cm	
	金屬拉鍊 10cm 1條	

3. 接縫拉鍊

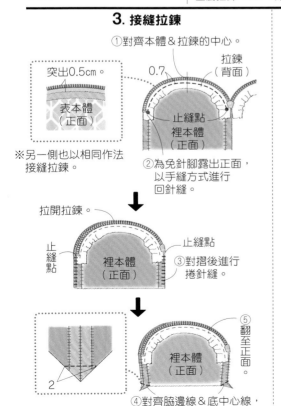

①對齊本體＆拉鍊的中心。

突出0.5cm。

表本體（正面）

拉鍊（背面）

0.7

止縫點

裡本體（正面）

②為免針腳露出正面，以手縫方式進行回針縫。

※另一側也以相同作法接縫拉鍊。

拉開拉鍊。

止縫點

止縫點

裡本體（正面）

③對摺後進行捲針縫

④對齊脅邊線＆底中心線，車縫側身。

⑤翻至正面

裡本體（正面）

2

2. 進行滾邊

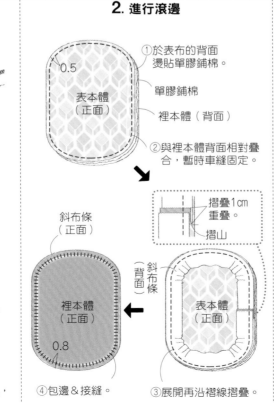

①於表布的背面燙貼單膠鋪棉。

0.5

表本體（正面）

單膠鋪棉

裡本體（背面）

②與裡本體背面相對疊合，暫時車縫固定。

摺疊1cm重疊。

摺山

斜布條（正面）

斜布條（背面）

裡本體（正面）

0.8

表本體（正面）

③展開再沿褶線摺疊。

④包邊＆接縫。

裁布圖

※斜布條無原寸紙型，請依標示的尺寸（已含縫份）直接裁剪。

斜布條寬3cm×長50cm

配布（正面）

15cm

15cm

表・裡布（正面）
※裡布的裁法亦同。

表・裡本體

20cm

15cm

1. 製作斜布條

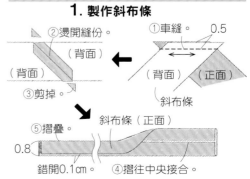

②燙開縫份。

①車縫。 0.5

（背面）

（背面）

（正面）

③剪掉。

斜布條

⑤摺疊。

斜布條（正面）

0.8

錯開0.1cm。

④摺往中央接合。

完成尺寸	材料
寬10×高10cm	表布（平織布）15cm×15cm
	裡布（平織布）15cm×15cm
原寸紙型	配布（素色平織布）5cm×5cm 1至2片
A面	單膠鋪棉 15cm×15cm

1.裁布

①以表布裁剪表本體，以裡布裁剪裡本體，各裁剪一片備用。
②裁剪單膠鋪棉，再燙貼於裡本體背面。

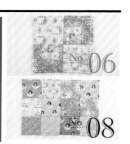

單膠鋪棉

裡本體（正面）

12

12

2.縫合表・裡本體

※手縫時使用25號繡線。

①表・裡本體正面相對疊合車縫。

②車縫或手縫。

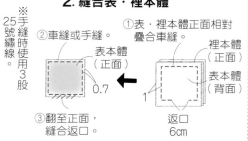

表本體（正面）

裡本體（正面）

表本體（背面）

0.7

1

返口 6cm

③翻至正面，縫合返口。

④以配布裁剪星星A・B。

星星A・B（正面）

表本體（正面）

⑤將0.5cm縫份摺至背面側，置於喜歡的位置進行貼布縫。

完成尺寸	材料（■…No.06・ ■…No.08・ ■…共用）
No.06：寬20×高20cm	表布（平織布）15cm×15cm 4片・12片
No.08：寬40×高30cm	裡布（平織布）25cm×25cm・45cm×35cm
原寸紙型	配布（素色平織布）10cm×10cm 1至2片
A面	單膠鋪棉 25cm×25cm・45cm×35cm

1.拼縫表本體 No. 08

12 表本體（正面）

12

①以表布裁剪12片表本體。

②車縫。

表本體（正面）

表本體（背面）

1

③翻至正面，縫份倒向單側。

表本體（正面）

表本體（背面）

1

④依步驟②、③作法接縫3片。

表本體（正面）

表本體（正面）

表本體（正面）

⑤依相同作法製作4組。

⑥將⑤的布組，兩兩正面相對疊合車縫。

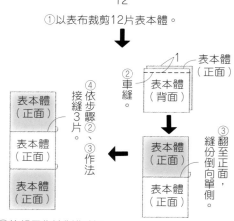

⑦翻至正面，縫份倒向單側。

表本體（背面）

表本體（背面）

表本體（背面）

1

2.縫合表・裡本體

單膠鋪棉

裡本體（正面）

32

42

①以裡布裁剪裡本體，再裁剪單膠鋪棉＆燙貼於裡本體背面。

②表本體＆裡本體正面相對疊合車縫。

表本體（背面）

裡本體（正面）

1

返口 10cm

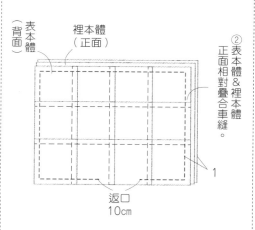

表本體（正面）

④車縫或手縫。

0.7

表本體（正面）

星星A・B（正面）

⑥依貼布縫No.07作法縫星星A・B。

⑤於針腳上車縫或手縫。

③翻至正面，縫合返口。

※手縫時使用3股25號繡線。

No. 06

①依No.08作法裁剪4片表本體。

②如圖所示尺寸裁剪裡本體＆單膠鋪棉。

單膠鋪棉

22 裡本體（正面）

22

③依No.08作法拼縫4片表布。

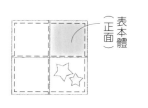

表本體（正面）

完成尺寸	材料	P.09_ No.05
寬26.5×高19.5cm	**表布**（平織布）70cm×20cm	**茶壺保溫罩**
原寸紙型	**配布A**（平織布）10cm×10cm 16片	
A面	**配布B**（素色平織布）5cm×5cm 1至2片	
	裡布（棉布）90cm×25cm／**單膠鋪棉** 70cm×25cm	

3. 縫合表・裡本體

①參見P.71_No.15步驟 **1.** 製作斜布條。

③翻至正面。

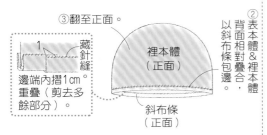

藏針縫

邊端內摺1cm。
重疊（剪去多餘部分）。

斜布條（正面）

②表本體&裡本體
以斜布條相對疊合包邊。

裡本體（正面）

4.縫上星星裝飾

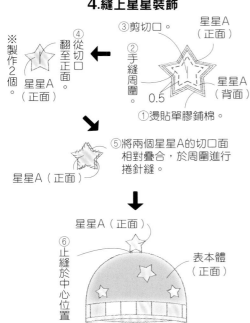

※製作2個。

④從切口翻至正面。

③剪切口。

②手縫周圍

星星A（正面）

星星A（背面）

0.5

①燙貼單膠鋪棉。

⑤將兩個星星A的切口面相對疊合，於周圍進行捲針縫。

星星A（正面）

星星A（正面）

⑥止縫於中心位置。

表本體（正面）

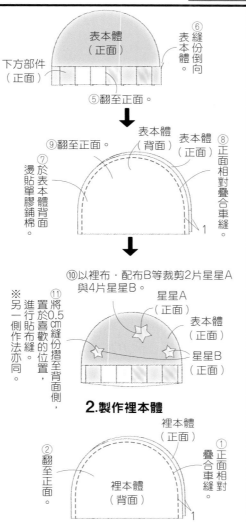

表本體（正面）

下方部件（正面）

⑥縫份倒向表本體。

⑤翻至正面。

⑨翻至正面。

表本體（背面）

表本體（正面）

⑦於表本體背面燙貼單膠鋪棉。

⑧正面相對疊合車縫。

⑩以裡布・配布B等裁剪2片星星A與4片星星B。

※另一側作法亦同。

⑪將0.5cm縫份摺至背面側，置於喜歡的位置，進行貼布縫。

星星A（正面）

星星B（正面）

表本體（正面）

2.製作裡本體

裡本體（正面）

②翻至正面。

①正面相對疊合車縫。

裡本體（背面）

對齊中心。

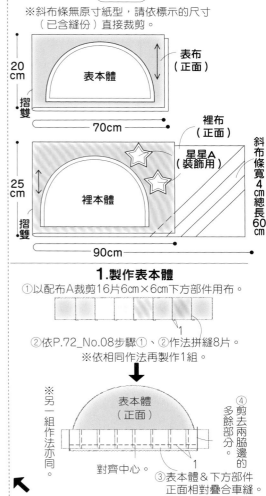

（裁布圖）

※斜布條無原寸紙型，請依標示的尺寸（已含縫份）直接裁剪。

表布（正面）

20cm 摺雙

表本體

70cm

裡布（正面）

25cm 摺雙

裡本體

星星A（裝飾用）

斜布條寬4cm總長60cm

90cm

1.製作表本體

①以配布A裁剪16片6cm×6cm下方部件用布。

②依P.72_No.08步驟①、②作法拼縫8片。
※依相同作法再製作1組。

※另一組作法亦同。

表本體（正面）

對齊中心。

④剪去兩脇邊的多餘部分。

③表本體&下方部件正面相對疊合車縫。

完成尺寸	材料	P.10_ No.10
寬10.5×高14.8cm	**表布**（平紋精梳棉布）10cm×10cm	**聖誕球卡片**
原寸刺繡圖案	**包釦芯** 直徑6.3cm 1個	
D面	**圖畫紙**（A5）2張	
	25號繡線（金色）	

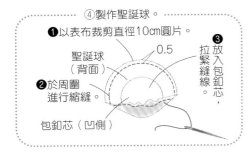

④製作聖誕球。

❶以表布裁剪直徑10cm圓片。

聖誕球（背面）

0.5

拉緊縫線。

❸放入包釦芯，

❷於周圍進行縮縫。

包釦芯（凹側）

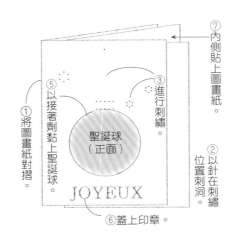

①將圖畫紙對摺。

⑤以接著劑黏上聖誕球。

聖誕球（正面）

JOYEUX

⑥蓋上印章。

③進行刺繡

⑦內側貼上圖畫紙。

②以針在刺繡位置刺洞。

〈星星刺繡〉

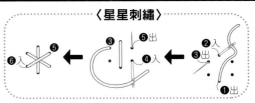

〈聖誕球刺繡〉

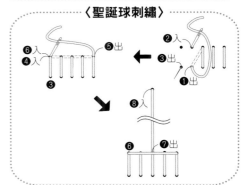

完成尺寸	材料
寬16×高18×側身5cm	表布A至E（棉布・亞麻布等）25cm×15cm
原寸紙型	表布F（棉布）25cm×15cm／裡布（棉布）25cm×45cm
無	配布（棉布）15cm×15cm
	圓環提把（內徑10cm）1組

1.裁布

提把固定布
（配布・2片）
6
6

裡本體
（裡布・1片）
43
23

表本體a至e
（表布A至E・各2片）
5
23

表底
（表布F布・1片）
13
23

※標示的尺寸已含縫份。

2.製作表本體

表本體a（正面）

表本體b（背面）
1　①車縫。　②燙開縫份。

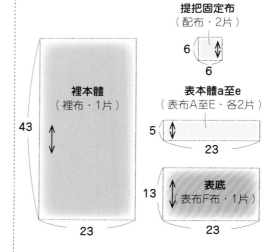

表本體a（背面）
表本體c（背面）
表本體b（背面）
表本體d（背面）
表本體e（背面）
③作法與①、②相同。

※依相同作法再作1片。

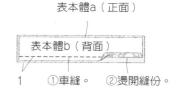

⑥另一側的表本體作法亦同。
表本體（正面）
表底（背面）
1
④車縫。　⑤燙開縫份。

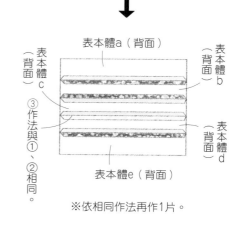

3.製作裡本體

表本體（背面）
表本體（正面）
⑧車縫。
⑨燙開縫份。
表底（背面）1
⑦對摺。

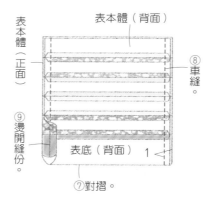

裡本體（背面）
1
②車縫。
③燙開縫份。
①對摺。

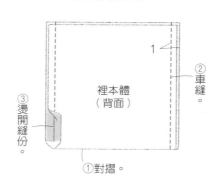

4.車縫側身

②修剪縫份，進行Z字形車縫。
表本體（背面）
5
①對齊脇邊線＆底中心線車縫。
1

※另一側底角＆裡本體作法亦同。

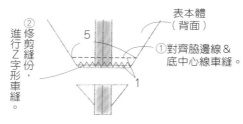

5.接縫提把固定布

提把固定布（裡側・正面）
3
0.2
②車縫。
①摺往中央接合。

圓環提把
提把固定布（表側・正面）
③對摺後，包夾提把。
0.2
④暫時車縫固定。

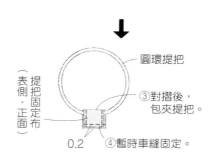

6.縫合表本體＆裡本體

②摺疊。
1
①翻至正面。
表本體（正面）

※裡本體摺法亦同。

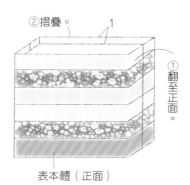

提把
裡本體（正面）
③將裡本體放進表本體內。
2
0.3　中心
④車縫。
夾入提把固定布。
表本體（正面）

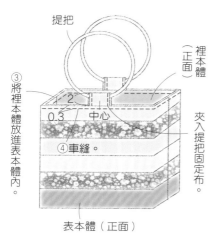

⑤摺疊＆車縫側身四邊。
0.2
表本體（正面）

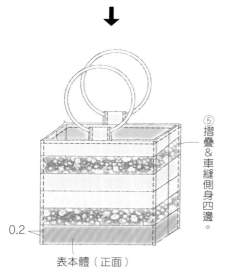

扁平波奇包 (No. 11)

完成尺寸	材料
寬16×高12cm	**表布A至F**（棉布・亞麻布等）20cm×10cm
原寸紙型	**裡布**（棉布）20cm×30cm
無	**FLATKNIT拉鍊** 16cm 1條

4.車縫本體

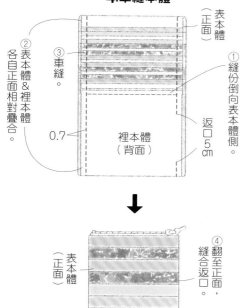

表本體（正面）

② 表本體＆裡本體各自正面相對疊合。

③ 車縫。

0.7

① 縫份倒向表本體側。

裡本體（背面）

返口5cm

④ 翻至正面，縫合返口。

表本體（正面）

裡本體

3.接縫拉鍊

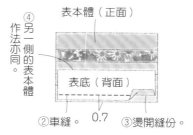

④ 另一側的表本體作法亦同。

表本體（正面）

表底（背面）

② 車縫。　0.7　③ 燙開縫份。

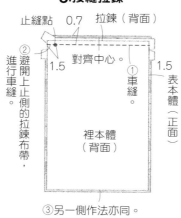

止縫點　0.7　拉鍊（背面）

② 避開上側的拉鍊布帶，進行車縫。

1.5　對齊中心　① 車縫。　1.5

裡本體（背面）

表本體（正面）

③ 另一側作法亦同。

1.裁布

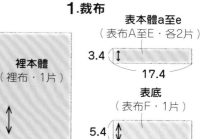

裡本體（裡布・1片）

25.4 ／ 17.4

表本體a至e（表布A至E・各2片）

3.4 ↕　17.4

表底（表布F・1片）

5.4 ↕　17.4

※標示的尺寸已含縫份。

2.製作表本體

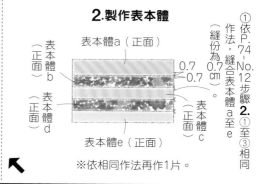

表本體a（正面）

表本體b（正面）

表本體c（正面）

表本體d（正面）

表本體e（正面）

0.7　0.7

① 依P.74-No.12步驟2.①至③相同作法，縫合表本體a至e（縫份為0.7cm）。

※依相同作法再作1片。

束口袋 (No. 13)

完成尺寸	材料
寬13×高15cm	**表布A至E**（棉布・亞麻布等）20cm×10cm
原寸紙型	**配布**（棉布）30cm×20cm
無	**裡布**（棉布）20cm×35cm
	羅紋緞帶 寬0.5cm 110cm

4.車縫本體

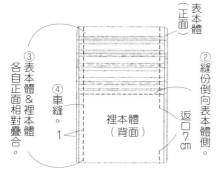

表本體（正面）

③ 表本體＆裡本體各自正面相對疊合。

④ 車縫。

② 縫份倒向表本體側。

裡本體（背面）

1

返口7cm

5.完成！

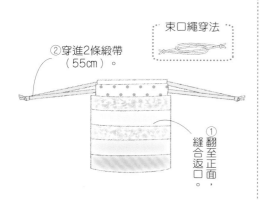

② 穿進2條緞帶（55cm）。

束口繩穿法

① 翻至正面，縫合返口。

3.製作口布

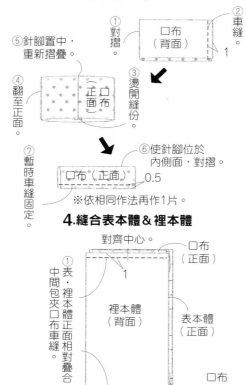

① 對摺。　② 車縫。

口布（背面）

1

⑤ 針腳置中，重新摺疊。

④ 翻至正面。

③ 燙開縫份。

正面　口布　正面

⑥ 使針腳位於內側面，對摺。

口布（正面）　0.5

※依相同作法再作1片。

⑦ 暫時車縫固定。

4.縫合表本體＆裡本體

對齊中心。

① 表・裡本體正面相對疊合，中間包夾口布車縫。

口布（正面）

1

裡本體（背面）

表本體（正面）

口布（正面）

1

1.裁布

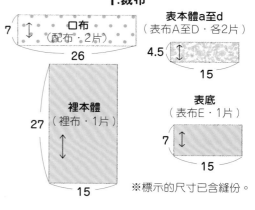

7 ↕　口布（配布・2片）　26

表本體a至d（表布A至D・各2片）

4.5 ↕　15

裡本體（裡布・1片）

27 ／ 15

表底（表布E・1片）

7 ↕　15

※標示的尺寸已含縫份。

2.製作表本體

表本體a（正面）

表本體b（正面）

表本體c（正面）

表本體d（正面）

表底（正面）

表本體d（正面）

表本體c（正面）

① 依P.74-No.12步驟2.①至⑥相同作法，縫合表本體a至d與表底。

完成尺寸	材料
寬7.5×高11cm	**表布**（棉布）25cm×15cm／**裡布**（棉布）25cm×15cm
原寸紙型	**隨身卡片本** 7cm×10cm 1本
無	**接著襯**（中薄）25cm×15cm
	鬆緊帶 寬1cm 長15cm

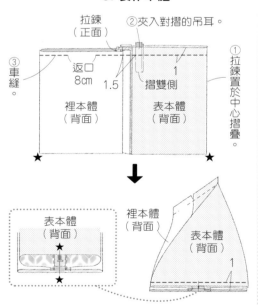

⑤車縫。
裡本體（正面）
0.2
鬆緊帶
④縫合返口。
翻至正面，

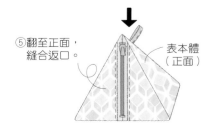

⑧夾入卡片本。
⑦藏針縫。
裡本體（正面）
⑥摺疊。
3　鬆緊帶　3

1. 製作本體

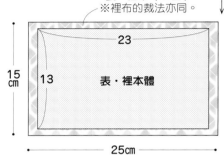

①於中心夾入長13cm的鬆緊帶。
裡本體（正面）
表本體（背面）
返口8cm
1
中心
②車縫。
③修剪邊角的縫份。

裁布圖

※標示的尺寸已含縫份。
※□處需於背面燙貼接著襯（僅限表本體）。

表・裡布（正面）
※裡布的裁法亦同。
23
15cm
13
表・裡本體
25cm

完成尺寸	材料
寬11×高11×側身11cm	**表布**（棉布）25cm×15cm
原寸紙型	**裡布**（棉布）25cm×15cm
無	**配布**（棉布）10cm×10cm
	接著襯（中薄）25cm×15cm
	金屬拉鍊 10cm 1條

3. 製作本體

拉鍊（正面）
②夾入對摺的吊耳。
③車縫。
返口8cm
1.5
1
②摺雙側
裡本體（背面）
表本體（背面）
①拉鍊置於中心摺疊。

表本體（背面）
裡本體（背面）
表本體（背面）
1
④對齊本體中心（★位置）&拉鍊中心，摺疊車縫。
※拉開拉鍊。

⑤翻至正面，縫合返口。
表本體（正面）

2. 接縫拉鍊

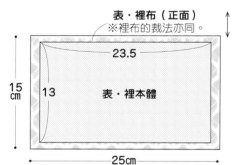

①夾入拉鍊車縫。
表本體（背面）
對齊中心。
拉鍊（正面）
0.7
裡本體（正面）

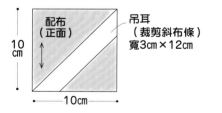

②翻至正面車縫。
裡本體（背面）
正面拉鍊
表本體（正面）
0.2

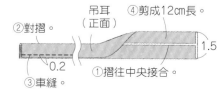

③另一側也依相同作法接縫拉鍊。
裡本體（正面）
0.2
表本體（正面）

裁布圖

※標示的尺寸已含縫份。
※□處需於背面燙貼接著襯（僅限表本體）。

表・裡布（正面）
※裡布的裁法亦同。
23.5
15cm
13
表・裡本體
25cm

配布（正面）
10cm
10cm

吊耳（裁剪斜布條）寬3cm×12cm

1. 製作吊耳

②對摺。
吊耳（正面）
④剪成12cm長。
1.5
0.2
③車縫。
①摺往中央接合。

完成尺寸	材料
寬34×高28cm	表布（燈芯絨）75cm×50cm
原寸紙型	裡布（棉布）60cm×55cm
無	單膠鋪棉 40cm×50cm
	蠟繩 粗0.4cm170cm

③沿針腳位置將表本體對摺。

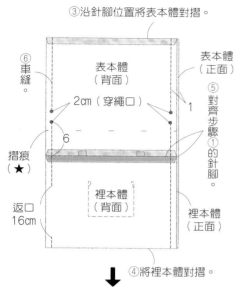

⑥車縫。
表本體（背面）
2cm（穿繩口）
⑤對齊步驟①的針腳。
1
表本體（正面）
摺痕（★）
6
返口16cm
裡本體（背面）
裡本體（正面）

④將裡本體對摺。

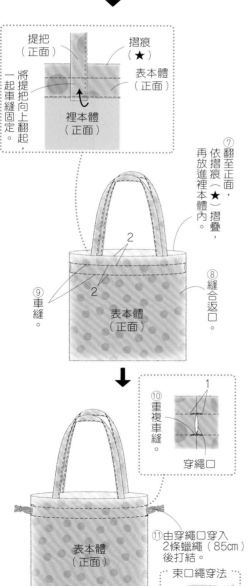

將提把一起車縫向上翻起固定。
提把（正面）
摺痕（★）
表本體（正面）
裡本體（正面）

⑦翻至正面，依摺痕（★）摺疊，再放進裡本體內。

⑨車縫。
2
2
表本體（正面）

⑧縫合返口。

⑩重複車縫。
1
穿繩口

⑪由穿繩口穿入2條蠟繩（85cm）後打結。
束口繩穿法
表本體（正面）

2. 製作表本體

※另一片作法亦同。

①燙壓摺痕（★）。

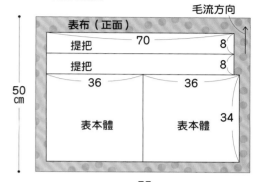

表本體（正面）
5
毛流方向

②展開摺痕（★）。

④燙開縫份
表本體（背面）
③車縫。
1

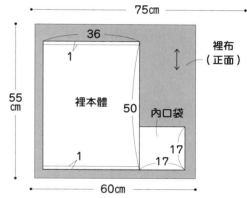

⑤暫時車縫固定。
0.5
中心
9 9
表本體（正面）
提把（正面）
表本體（正面）

3. 縫合表本體＆裡本體

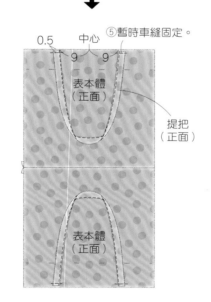

1
表本體（正面）
裡本體（背面）
①車縫。
②燙開縫份。

裁布圖

※標示的尺寸已含縫份。
※□ 處需於背面燙貼單膠鋪棉。
※表布是帶有絨毛的素材，請注意毛流方向，以逆毛裁剪。

毛流方向

表布（正面）		
提把	70	8
提把		8
36	36	
表本體	表本體	34

50cm
75cm

裡布（正面）

36
1
裡本體
50
內口袋
1
17
17
55cm
60cm

1. 製作提把＆內口袋

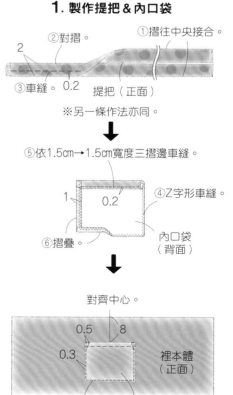

②對摺。
①摺往中央接合。
2
③車縫。 0.2
提把（正面）

※另一條作法亦同。

⑤依1.5cm→1.5cm寬度三摺邊車縫。

1
0.2
④Z字形車縫。
⑥摺疊。
內口袋（背面）

對齊中心。
0.5
8
0.3
裡本體（正面）
⑦車縫。
內口袋（正面）

迷你口金包

完成尺寸
寬11.5×高13.5cm

原寸紙型
C面

材料
表布（羊毛布）35cm×20cm
裡布（亞麻布）35cm×20cm
蛙嘴口金（寬8cm高4cm）1個／大圓串珠 3顆
紙繩（口金未附紙繩時自備）30cm

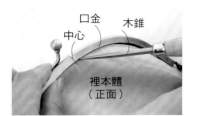

口金　木錐
中心

裡本體
（正面）

④對齊口金中心＆裡本體中心，以木錐將本體從中心往兩側塞入溝槽內。

開口止點
鉚接處
裡本體
（正面）

⑤塞至末端，使本體開口止點與口金鉚接處對齊。

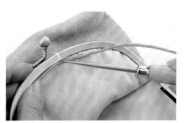

⑥紙繩的中心對準口金的中心，以木錐將紙繩從中心往兩側塞入溝槽。

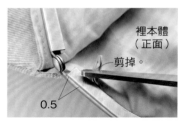

裡本體
（正面）
剪掉。
0.5

⑦紙繩剪成比口金框短0.5cm，左右側皆同。接著依步驟③至⑦相同作法安裝另一邊口金。

口金專用鉗
裡本體
（正面）

⑧以鉗子夾緊四個口金鉚接處加以固定。若無口金專用鉗，為免傷及口金框，請包夾擋布再夾緊。

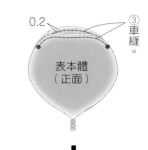

0.2
③車縫。
表本體
（正面）

↓

表本體
（正面）
④安裝口金（參見口金安裝方法）。

重點技巧
口金安裝方法

鉚接處　鉚接處
紙繩

①依口金兩鉚接處之間的長度，裁剪兩條紙繩。

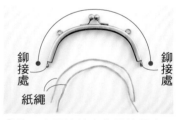

紙膠帶
裡本體
（正面）

②於口金內側、紙繩與本體的中心作記號。口金中心請貼上一小條紙膠帶作為記號。

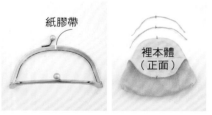

口金
溝槽
牙籤

③單邊的口金溝槽以牙籤等塗入白膠。因白膠易乾，務必安裝好一邊再進行另一邊。

裁布圖

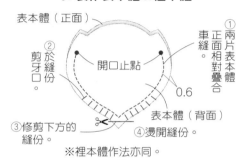

20cm
摺雙
表・裡本體
35cm

※表・裡布的裁法相同。
表・裡布（正面）

1. 製作表本體＆裡本體

表本體（正面）
①兩片表本體正面相對疊合車縫。
②於縫份剪牙口。
開口止點
0.6
表本體（背面）
③修剪下方的縫份。
④燙開縫份。
※裡本體作法亦同。

↓

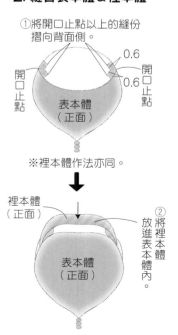

表本體
（正面）
⑤翻至正面。

⑥在表本體的下端縫上3顆串珠。

2. 縫合表本體＆裡本體

①將開口止點以上的縫份摺向背面側。
0.6
開口止點
開口止點
0.6
表本體
（正面）

※裡本體作法亦同。

↓

裡本體
（正面）
②將裡本體放進表本體內。
表本體
（正面）

單柄束口包

完成尺寸	材料
寬29×高30cm（不含提把）	表布（羊毛布）70cm×35cm
原寸紙型	裡布（亞麻布）90cm×35cm
C面	配布（亞麻布）100cm×40cm
	金屬標牌 1片／手縫裝飾線（紅色）適量

裁布圖

※除了表・裡本體之外皆無原寸紙型，請依標示的尺寸（已含縫份）直接裁剪。

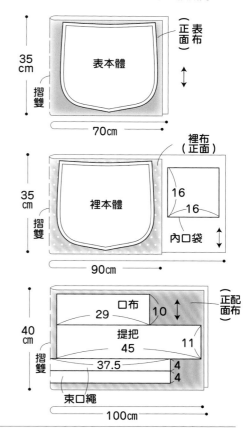

（正面）表布
表本體
35cm
摺雙
70cm

裡布（正面）
35cm
裡本體
摺雙
90cm
16 16
內口袋

（正面）配布
40cm
摺雙
口布 29 / 10
提把 45 / 11
束口繩 37.5 / 4 / 4
100cm

（裡側・正面）口布
脇邊
⑤疊合對摺
⑥暫時車縫固定。
0.5

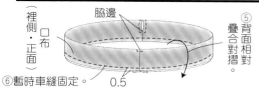

5. 縫合表本體＆裡本體

①將口布疊放於翻至正面的表本體袋口處，暫時車縫固定。

②疊上提把，暫時車縫固定。

對齊脇邊線。
口布（裡側・正面）
0.6 中心
0.5
口布摺雙側
提把（裡側・正面）
表本體（正面）

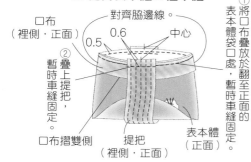

③表本體＆裡本體正面相對疊合車縫。

表本體（背面）
裡本體（背面）
1

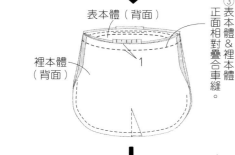

④翻至正面，縫合返口。

⑤在兩脇邊的穿繩口下方，以手縫方式縫上裝飾線。

口布（表側・正面）
表本體（正面）
1

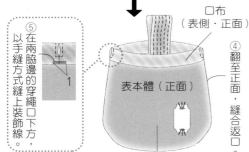

⑥製作兩條束口繩

❶將上邊＆左右兩端摺向背面側。
1
束口繩（背面）

❷將上邊再次摺向背面側。
1

❸下邊摺入內側。
0.2 ❹車縫。

⑦自穿繩口穿入束口繩。

⑧打結

表本體（正面）

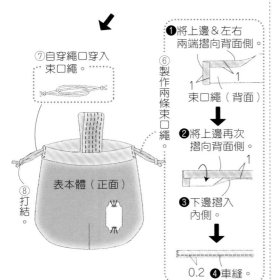

---

2. 製作裡本體

②口袋口依1.5cm→1.5cm寬度三摺邊。
1 1.5
0.3 1.5
內口袋（背面）
①Z字形車縫。

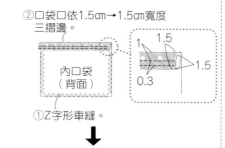

④在口袋邊角車縫三角形，加強固定。
中心
5.5 0.5
0.2
裡本體（正面）
內口袋（正面）
③將三邊的縫份內摺1cm車縫。
依表本體相同作法車縫尖褶。

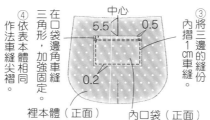

⑥燙開縫份
⑤兩片裡本體正面相對疊合車縫。
裡本體（正面）
裡本體（背面）
返口10cm
1

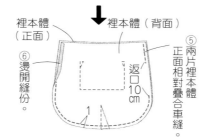

3. 製作提把

①兩片提把正面相對疊合車縫。
提把（正面）
1
1
提把（背面）

②翻至正面。
提把（正面）
③間隔1.5cm車縫。

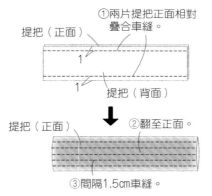

4. 製作口布

①兩片口布正面相對疊合。
口布（正面）
3 1
②車縫。1
穿繩口
1
口布（背面）
5

④車縫穿繩口周圍。
口布（正面）
③燙開縫份
背面口布
0.5

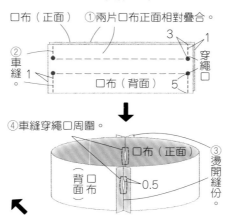

---

1. 製作表本體

①車縫尖褶
表本體（背面）
②側倒縫份

※另一片表本體作法亦同。

表本體（正面）
③以手縫縫上金屬裝飾牌。

⑤燙開縫份
表本體（正面）
表本體（背面）
1
④兩片表本體正面相對疊合車縫。

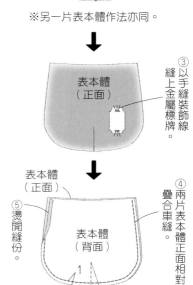

完成尺寸	材料
寬14×高21cm	表布（羊毛布）25cm×40cm
	裡布（亞麻布）40cm×30cm
原寸紙型	彈片口金 11cm1組
C面	棉織帶 寬1cm 5cm／單膠鋪棉 40×25cm

重點技巧
彈片口金安裝方法

①取下彈片口金的插銷。

②將取下插銷的口金穿入口布。

③從另一端穿出，嵌合口金的凹凸兩端。

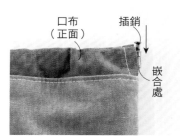

④以手指輕壓，插入步驟①取下的插銷。

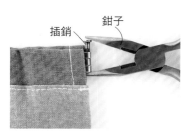

⑤改以鉗子將插銷完全壓入。

---

2. 製作口布

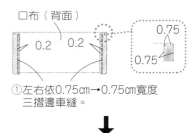

①左右依0.75cm→0.75cm寬度三摺邊車縫。

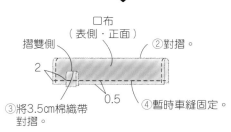

②對摺。
③將3.5cm棉織帶對摺。
④暫時車縫固定。

※另一片口布作法亦同，但不車縫棉織帶。

3. 縫合表本體＆裡本體

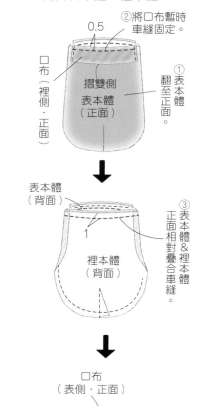

②將口布暫時車縫固定。
①表本體翻至正面。
③表本體＆裡本體正面相對疊合車縫。
④翻至正面，縫合返口。
⑤將彈片口金穿入口布固定。

裁布圖

※口布無原寸紙型，請依標示的尺寸（已含縫份）直接裁剪。
※□處需於背面燙貼單膠鋪棉。

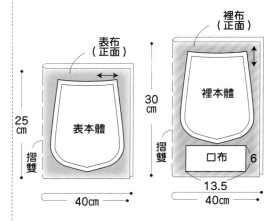

表布（正面）
25cm
40cm
表本體
摺雙

裡布（正面）
30cm
40cm
裡本體
口布
摺雙
13.5
6

---

1. 製作表本體＆裡本體

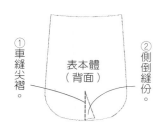

①車縫尖褶。
②側倒縫份。

※另一片表本體＆兩片裡本體作法亦同。

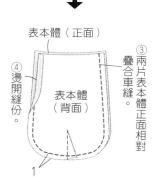

③兩片表本體正面相對疊合車縫。
④燙開縫份。

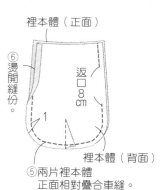

⑤兩片裡本體正面相對疊合車縫。
⑥燙開縫份。
返口8cm

完成尺寸	材料
寬25×高35×側身14cm	表布（高布林織布）110cm×45cm／裡布（棉布）110cm×45cm
原寸紙型	配布（棉布）10cm×5cm／圓繩 粗0.6cm 100cm
A面	接著襯（中薄）80cm×40cm
	接著襯（厚）30cm×20cm／雞眼釦 內徑1cm 10組
	後背帶（寬3.8cm長47cm至90cm）1組

② 將圓繩（100cm）穿進雞眼釦。
③ 穿進繩擋。
④ 打結。
表本體（正面）

重點技巧

雞眼釦安裝方法

（正面）
雞眼釦
墊片

① 在安裝位置開洞，穿入雞眼釦，套上墊片。

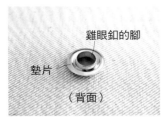

雞眼釦的腳
墊片
（背面）

② 將墊片（呈圓狀的面朝上）套入雞眼釦的腳。

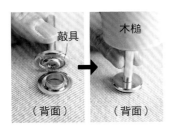

敲具
木槌
（背面）　（背面）

③ 放上敲具，以木槌將雞眼釦的腳敲平。

（正面）　（背面）

④ 安裝完成。

3. 縫合表本體＆裡本體

① 將裡本體翻至正面，放進表本體內。
② 車縫。
裡本體（背面）
表本體（背面）
1

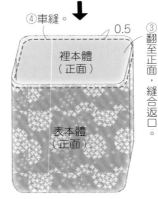

④ 車縫。
0.5
③ 翻至正面，縫合返口。
裡本體（正面）
表本體（正面）

4. 接縫後背帶

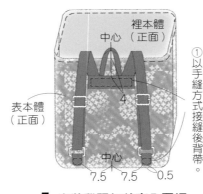

① 以手縫方式接縫後背帶。
裡本體 中心（正面）
表本體（正面）
4
中心
7.5　7.5　0.5

5. 安裝雞眼釦並穿入圓繩

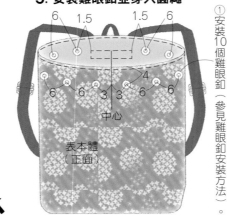

6　1.5　1.5　6
6　6　4　6　6
6　6　3　3　6　6
中心
① 安裝10個雞眼釦（參見雞眼釦安裝方法）。
表本體（正面）

裁布圖

※ 除了表・裡袋蓋之外皆無原寸紙型，請依標示的尺寸（已含縫份）直接裁剪。
※ ▢處需於背面邊貼中薄接著襯。
※ ▨處需於背面邊貼厚接著襯。

表・裡布（正面）↕ ※表・裡布的裁法相同。

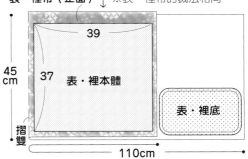

45 cm
39
37　表・裡本體
摺雙
表・裡底
110cm

1. 製作繩擋

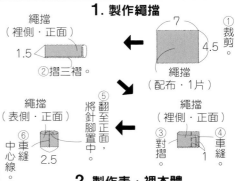

繩擋（裡側・正面）
① 裁剪。
7
4.5
1.5
② 摺三褶。
繩擋（配布・1片）
⑤ 翻至正面，將針腳置中。
繩擋（表側・正面）
⑥ 中心線 車縫 2.5
繩擋（裡側・正面）
③ 對摺
④ 車縫。
1

2. 製作表・裡本體

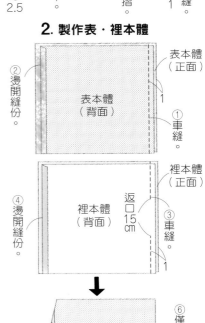

表本體（正面）
② 燙開縫份。
表本體（背面）
① 車縫。
1
裡本體（正面）
④ 燙開縫份。
裡本體（背面）
返口 15cm
③ 車縫。
1

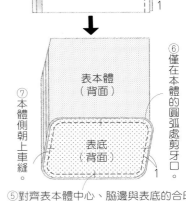

⑥ 僅在本體的圓弧處剪牙口。
表本體（背面）
⑦ 本體側身朝上車縫。
表底（背面）
1
⑤ 對齊表本體中心、脇邊與表底的合印，正面相對疊合。

※ 裡本體＆裡底作法亦同。

壓線卡片套

完成尺寸
寬11×高8cm

原寸紙型
A面

材料
表布（壓棉布）25cm×15cm
配布（棉布）45cm×20cm／接著襯（中薄）20cm×20cm
滾邊斜布條 寬11mm 70cm
塑膠四合釦 14mm 1組

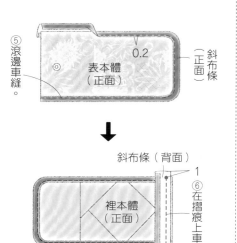

⑤滾邊車縫。
0.2
表本體（正面）
斜布條（正面）

斜布條（背面）
裡本體（正面）
⑥在摺痕上車縫。
1
1

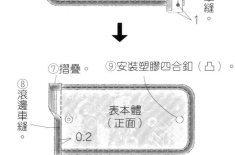

⑦摺疊。
⑨安裝塑膠四合釦（凸）。
⑧滾邊車縫。
表本體（正面）
0.2
斜布條（正面）

1. 縫合表・裡本體

③車縫。
④縫份倒向裡蓋側。
1
背面 裡蓋
裡本體（正面）
正面

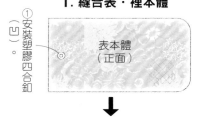

①安裝塑膠四合釦（凹）。
表本體（正面）

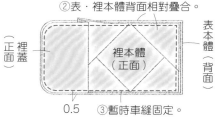

②表・裡本體背面相對疊合。
正面 裡蓋
裡本體（正面）
表本體（背面）
0.5
③暫時車縫固定。

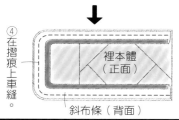

④在摺痕上車縫。
裡本體（正面）
斜布條（背面）

裁布圖

※卡片夾層無原寸紙型，請依標示的尺寸（已含縫份）直接裁剪。
※ ▨ 處需於背面燙貼接著襯。

15cm
表本體（正面）
25cm

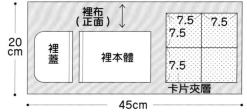

裡布（正面）
20cm
裡蓋
裡本體
7.5 7.5
7.5
7.5
卡片夾層
45cm

1. 製作裡本體

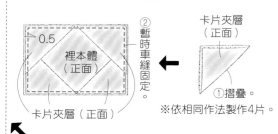

0.5
裡本體（正面）
②暫時車縫固定。
卡片夾層（正面）

卡片夾層（正面）
②暫時車縫固定。
①摺疊。
※依相同作法製作4片。

絨布坐墊

完成尺寸
寬約44×高約44×高約19cm

原寸紙型
D面

材料
表布A・B（絨布boa）70cm×100cm各1片
FLATKNIT拉鍊 長20cm 1條
包釦芯 3.8cm 2組

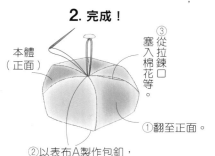

本體B（背面）本體A（背面）本體B（背面）
本體A（背面）
拉鍊（背面）
本體B（背面）本體A（背面）
⑥依步驟①作法接縫三組，並燙開縫份。
※拉開拉鍊。

2. 完成！

本體（正面）
③從拉鍊口塞入棉花等。
①翻至正面。
②以表布A製作包釦，再止縫固定於中心。（另一側作法亦同）

1. 製作本體

本體B（正面）
本體A（背面）
拉鍊接縫位置
記號點
※以預留拉鍊接縫位置的作法，製作1組。
①車縫。

本體B（正面）
本體A（背面）
記號點
②車縫。
※以車縫兩記號點之間的作法，製作2組。
①車縫。

④對齊針腳＆拉鍊的鍊齒中心。
預留拉鍊位置的本體
③燙開縫份。
本體A（背面）
本體B（背面）
拉鍊接縫位置
⑤車縫。
拉鍊（背面）

裁布圖

表布A・B（正面）
※表布A・B的裁法相同。

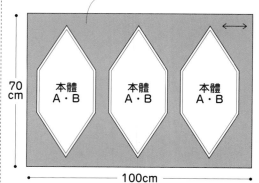

70cm
本體A・B
本體A・B
本體A・B
100cm

完成尺寸
寬36×高31cm

原寸紙型
B面

材料
表布（壓棉布）108cm×50cm
裡布（亞麻布）85cm×50cm

P.17_ №24
壓線托特包

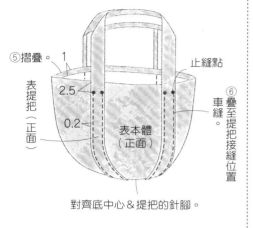

⑤摺疊 — 1
止縫點
表提把（正面）
2.5
0.2
⑥車縫
疊至提把接縫位置
表本體（正面）

對齊底中心＆提把的針腳。

3. 接縫裡提把

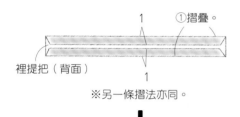

①摺疊。
1
裡提把（背面）
1

※另一條摺法亦同。

↓

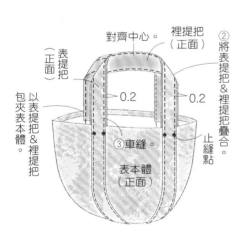

對齊中心。
裡提把（正面）
②將表提把＆裡提把疊合。
表提把（正面）
以表提把＆裡提把包夾表本體。
0.2 — 0.2
③車縫。
止縫點
表本體（正面）

4. 接縫裡本體

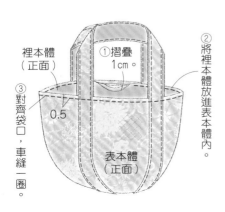

裡本體（正面）
①摺疊 1cm。
②將裡本體放進表本體內。
③對齊袋口，車縫一圈。
0.5
表本體（正面）

裁布圖

※表・裡提把無原寸紙型，
請依標示的尺寸（已含縫份）直接裁剪。

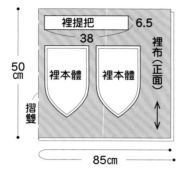

裡提把 6.5
38
裡本體 裡本體
50cm
摺雙
85cm
裡布（正面）

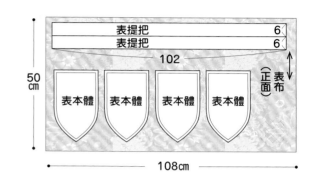

表提把 6
表提把 6
102
表本體 表本體 表本體 表本體
50cm
正面 表布
108cm

2. 接縫表提把

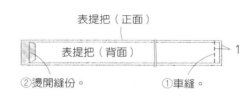

表提把（正面）
表提把（背面）
1
②燙開縫份。
①車縫。

↓

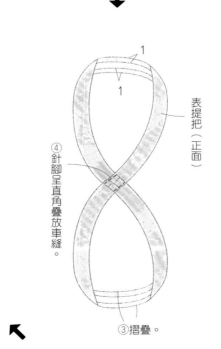

1
1
④針腳呈直角放車縫。
表提把（正面）
③摺疊。

1. 製作表・裡本體

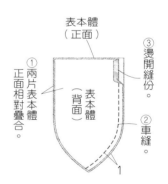

表本體（正面）
①兩片表本體正面相對疊合。
表本體（背面）
③燙開縫份。
②車縫。
1

※另一組表本體作法亦同。

↓

④將作好的兩組表本體正面相對疊合。

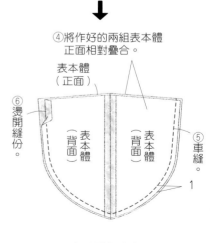

表本體（正面）
⑥燙開縫份。
表本體（背面）
表本體（背面）
⑤車縫。
1

※裡本體作法亦同。

完成尺寸
寬31×高26.7cm

原寸紙型
無

材料
表布（11號帆布）45cm×35cm ／ 裡布（棉布）75×35cm
配布（皮革質感不織布）40cm×35cm
接著襯（中薄）70cm×20cm
VISLON拉鍊 30cm 2條
肩背帶（寬1cm 長77cm至140cm）1條

P.18_ No. 25
拉鍊小肩包

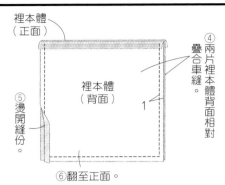

裡本體（正面）
④ 兩片裡本體背面相對疊合車縫。
裡本體（背面）
⑤ 燙開縫份。
1
⑥ 翻至正面。

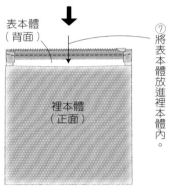

表本體（背面）
⑦ 將表本體放進裡本體內。
裡本體（正面）

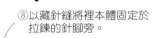

⑧ 以藏針縫將裡本體固定於拉鍊的針腳旁。
裡本體（正面）

⑨ 吊耳掛上肩背帶。
表本體（正面）

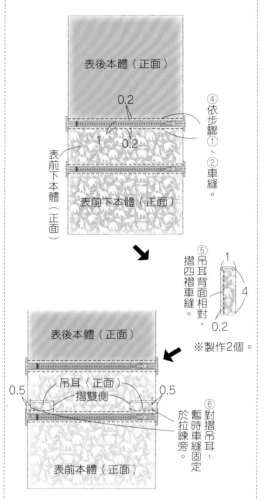

表後本體（正面）
0.2
1 0.2
④ 依步驟①、②車縫。
表前下本體（正面）

⑤ 吊耳背面相對，摺四褶車縫。
1
4
0.2
※製作2個。

表後本體（正面）
吊耳（正面）摺雙側
0.5   0.5
⑥ 對摺吊耳，暫時車縫固定於拉鍊旁。
表前本體（正面）

2. 製作表本體＆裡本體

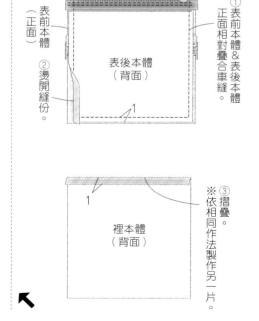

表前本體（正面）
表後本體（背面）
① 表前本體＆表後本體正面相對疊合車縫。
② 燙開縫份。
1

裡本體（背面）
1
③ 摺疊。
※③依相同作法製作另一片。

裁布圖
※標示的尺寸已含縫份。
※▨ 處需於背面燙貼接著襯。
※配布是有絨毛的素材，請注意毛流方向，以逆毛裁剪。

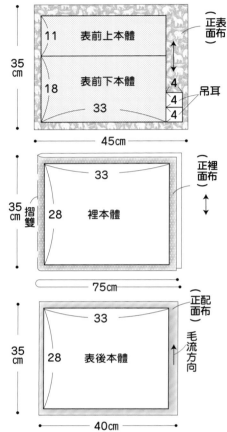

（正表面布）
35cm
11 表前上本體
18 表前下本體
4
吊耳
4
4
33
45cm

（正裡面布）
33
35cm 摺雙
28 裡本體
75cm

（正配面布）
33
35cm
28 表後本體
40cm
毛流方向

1. 接縫拉鍊＆吊耳

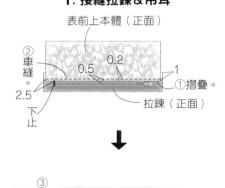

表前上本體（正面）
② 車縫。
0.5 0.2
1
2.5
下止
① 摺疊。
拉鍊（正面）

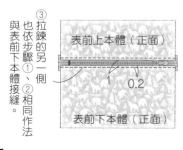

③ 拉鍊的另一側也依步驟①、②相同作法與表前下本體接縫。
表前上本體（正面）
1 0.2
表前下本體（正面）

84

完成尺寸	材料	
寬26×高24×側身14cm	表布（11號帆布）65cm×30cm／裡布（棉布）95cm×40cm	 P.18_ No. 28
原寸紙型	配布（皮革質感不織布）60cm×40cm	**單柄手提袋**
B面	接著襯（中薄）65cm×30cm	
	VISLON拉鍊 30cm 1條	

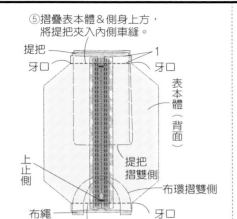

⑤摺疊表本體&側身上方，
　將提把夾入內側車縫。

提把
牙口　　　　　　牙口
上止側
提把摺雙側
布環摺雙側
布繩　　　　　　牙口
表本體（背面）

⑥摺疊另一側的表本體&側身上方，
　將布環夾入內側車縫。

4. 製作裡本體

①摺向背面側。

裡本體（背面）

③於兩側的止縫點剪牙口。（另一側作法亦同）

②依表本體作法，將裡本體&裡側身正面相對疊合車縫。

裡本體（背面）　裡側身（背面）

④摺疊裡本體&裡側身上方，車縫固定。

裡本體（背面）

⑤翻至正面。

※另一側作法亦同。

5. 縫合表本體&裡本體

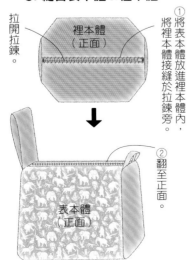

①將表本體放進裡本體內，將裡本體接縫於拉鍊旁。

拉開拉鍊。
裡本體（正面）

②翻至正面。

表本體（正面）

---

2. 製作表本體

①兩片表側身正面相對疊合車縫。

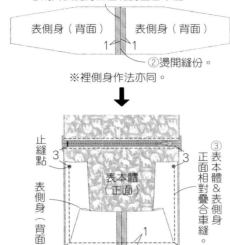

表側身（背面）　表側身（背面）

②燙開縫份。

※裡側身作法亦同。

止縫點
3　　　　　　　3
表本體（正面）
③表本體&表側身正面相對疊合車縫。
表側身（背面）
中心
④於側身的縫份剪牙口。

⑥於兩側的止縫點剪牙口。（另一側作法亦同）

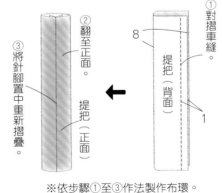

⑤將另一側的表本體&表側身正面相對疊合，依步驟③、④作法車縫。

表本體（背面）
表側身（背面）

3. 製作提把&布環

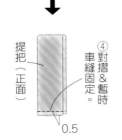

①對摺車縫。
②翻至正面。
③將針腳置中重新摺疊。

提把（背面）
提把（正面）
8

提把（正面）

※依步驟①至③作法製作布環。

提把（正面）
④對摺&暫時車縫固定。
0.5

裁布圖

※除了表・裡側身之外皆無原寸紙型，請依標示的尺寸（已含縫份）直接裁剪。
※▭處需於背面燙貼接著襯。
※配布是有絨毛的素材，請注意毛流方向，以逆毛裁剪。

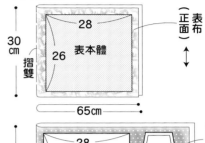

30cm
摺雙
28　26
表本體
（正面表布）
65cm

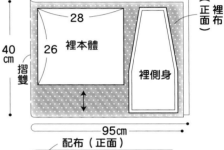

40cm
摺雙
28　26
裡本體
裡側身
（正面裡布）
95cm

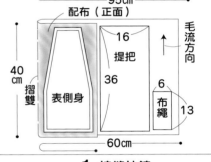

配布（正面）
40cm
摺雙
表側身
16 提把
36
布繩 6 13
毛流方向
60cm

1. 接縫拉鍊

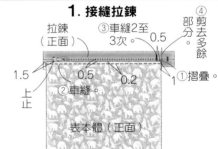

拉鍊（正面）
③車縫2至3次。
④剪去多餘部分。
0.5
1.5 上止
①摺疊。
②車縫。
0.5　0.2
1
表本體（正面）

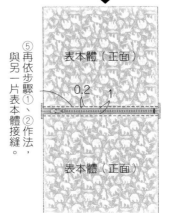

⑤再依步驟①、②作法，與另一片表本體接縫。
表本體（正面）
0.2　1
表本體（正面）

完成尺寸
寬33×高28×側身13cm

原寸紙型
B面

材料
表布（11號帆布）80cm×25cm
裡布（棉布）110cm×50cm／配布（亞麻布）90cm×30cm
接著襯（薄）80cm×25cm
接著襯（中薄）90cm×30cm／包用底板 15cm×30cm
手挽口金（寬23高17cm）1個

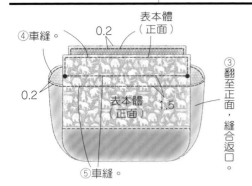

④車縫。
0.2
表本體（正面）
③翻至正面，縫合返口。
0.2
表本體（正面）
1.5
⑤車縫。

3. 製作底板

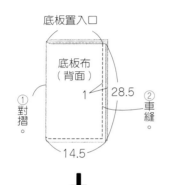

底板置入口
底板布（背面）
①對摺
1
28.5
②車縫
14.5

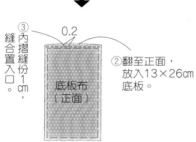

③內摺縫份1cm，縫合置入口。
0.2
②翻至正面，放入13×26cm底板。
底板布（正面）

4. 完成！

②將底板放入包包內。
口金
①安裝手挽口金（參見P.87）
表本體（正面）

---

③兩片表側身正面相對疊合車縫。

表側身（背面）　表側身（背面）
1　1

※裡側身作法亦同。

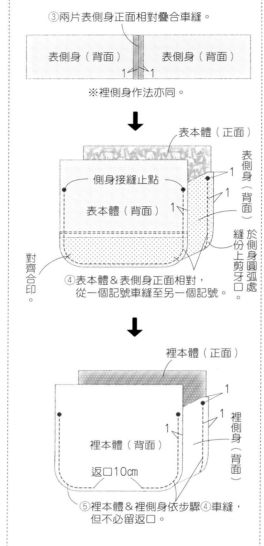

表本體（正面）
側身接縫止點
表本體（背面）
表側身（背面）
1
1
1
縫份上剪牙口。
於側身圓弧處
對齊合印
④表本體＆表側身正面相對，從一個記號車縫至另一個記號。

裡本體（正面）
裡本體（背面）
裡側身（背面）
1
1
1
返口10cm
⑤裡本體＆裡側身依步驟④車縫，但不必留返口。

2. 縫合表本體＆裡本體

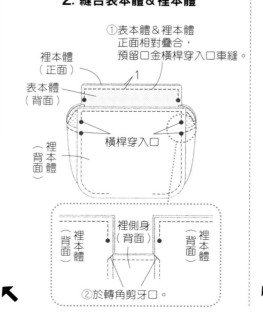

①表本體＆裡本體正面相對疊合，預留口金橫桿穿入口車縫。
裡本體（正面）
表本體（背面）
1
裡本體（背面）
橫桿穿入口
裡本體（背面）
裡側身（背面）
裡本體（背面）
②於轉角剪牙口。

※表・裡側身＆底板布無原寸紙型，請依標示的尺寸（已含縫份）直接裁剪。
※ ▢ 處需於背面燙貼薄接著襯。
　 ▨ 處需於背面燙貼中薄接著襯。

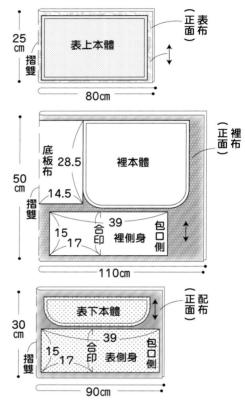

25cm
摺雙
表上本體
正面（表布）
80cm

50cm
底板布
28.5
14.5
摺雙
裡本體
15 17 39
合印
裡側身
包口側
正面（裡布）
110cm

30cm
摺雙
表下本體
15 17 39
合印
表側身
包口側
正面（配布）
90cm

1. 製作表本體＆裡本體

表上本體（正面）
表下本體（背面）
1
①表上・下本體正面相對疊合車縫。

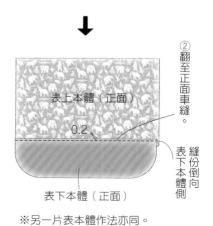

表上本體（正面）
0.2
②翻至正面車縫。
縫份倒向表下本體側
表下本體（正面）

※另一片表本體作法亦同。

完成尺寸	材料
寬11×高13.5cm	**表布**（11號帆布）40cm×35cm
原寸紙型	**裡布**（棉布）35cm×35cm
B面	**接著襯**（中薄）30cm×20cm
	磁釦 1cm 1組

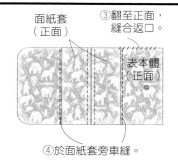

③翻至正面，縫合返口。

④於面紙套旁車縫。

面紙套（正面）

表本體（正面）

重點技巧

手挽口金安裝方法

手挽口金…結合口金&提把的款式

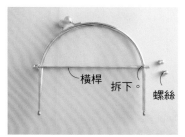

橫桿 拆下。 螺絲

①轉下一邊的螺絲，拆下橫桿。

橫桿穿入口

橫桿

②將橫桿穿進橫桿穿入口內。

穿回口金框。

③將橫桿末端穿回口金框。

鎖緊螺絲。

④鎖緊①拆下的螺絲加以固定。

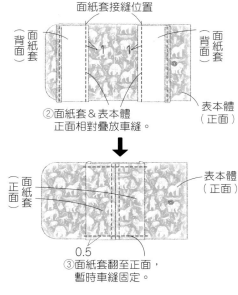

面紙套接縫位置

面紙套（背面）

面紙套（背面）

②面紙套&表本體正面相對疊放車縫。

表本體（正面）

面紙套（正面）

表本體（正面）

0.5

③面紙套翻至正面，暫時車縫固定。

3. 安裝磁釦

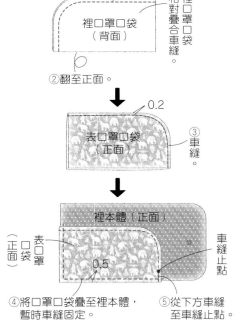

表口罩口袋（正面）

裡口罩口袋（背面）

①表・裡口罩口袋正面相對疊合車縫。

②翻至正面。

0.2

表口罩口袋（正面）

③車縫。

裡本體（正面）

正面 口袋 表口罩

車縫止點

0.5

④將口罩口袋疊至裡本體，暫時車縫固定。

⑤從下方車縫至車縫止點。

4. 縫合表本體&裡本體

①表本體&裡本體正面相對疊合車縫。

返口8cm

裡本體（正面）

表本體（背面）

0.5

②將圓弧處的縫份修剪至0.5cm。

裁布圖

※面紙套無原寸紙型，請依標示的尺寸（已含縫份）直接裁剪。

※□□處需於背面燙貼接著襯。

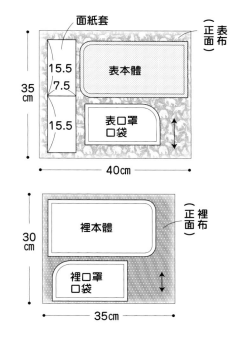

面紙套

表本體

表口罩口袋

15.5
7.5
15.5

35cm

40cm

（正面）表布

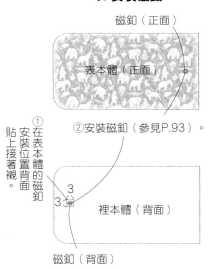

裡本體

裡口罩口袋

30cm

35cm

（正面）裡布

1. 安裝磁釦

磁釦（正面）

表本體（正面）

②安裝磁釦（參見P.93）。

①在表本體背面安裝位置貼上接著襯。

裡本體（背面）

3
3

磁釦（背面）

2. 製作面紙套

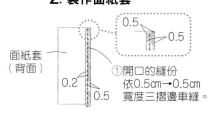

面紙套（背面）

0.2
0.5

0.5
0.5

①開口的縫份依0.5cm→0.5cm寬度三摺邊車縫。

※另一片作法亦同。

完成尺寸 寬40×高43cm	**材料** **表布**（羊毛布）95cm×90cm **裡布**（棉布）95cm×90cm **接著襯**（中薄）90cm×35cm／**布標** 1片 **磁釦**（手縫式）14mm 1組 **合成皮滾邊條** 寬2.2cm 220cm	**P.21_** <u>№</u> **30** **合成皮革滾邊手提袋** 
原寸紙型 **B面**		

③展開合成皮滾邊條的摺痕，
與表本體側正面相對疊放。

重疊
1
cm

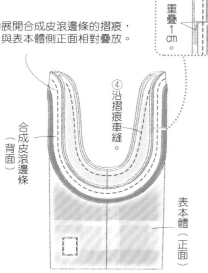

④沿摺痕車縫。

合成皮滾邊條
（背面）

表本體
（正面）

↓

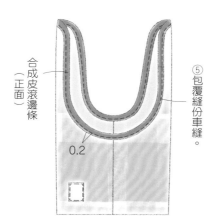

合成皮滾邊條
（正面）

⑤包覆縫份車縫。

0.2

4. 完成！

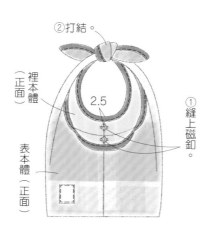

②打結。

裡本體
（正面）

2.5

表本體
（正面）

①縫上磁釦。

2. 車縫表・裡本體

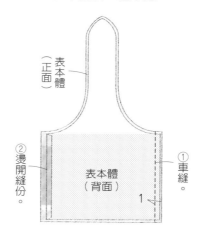

表本體
（正面）

②燙開縫份。

①車縫。

表本體
（背面）

1

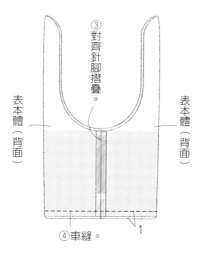

③對齊針腳摺疊。

表本體
（背面）

表本體
（背面）

④車縫。

1

※裡本體的作法亦同①至④。

3. 縫合表本體＆裡本體

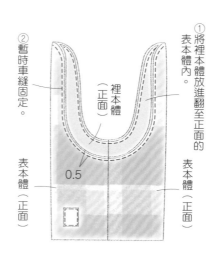

②暫時車縫固定。

①將裡本體放進翻至正面的表本體內。

裡本體
（正面）

表本體
（正面）

表本體
（正面）

0.5

表本體
（正面）

裁布圖

※□處需於背面燙貼接著襯（僅限表本體）。

表・裡布（正面）
※表・裡布的裁法相同。

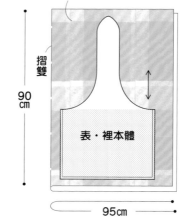

摺雙

90
cm

表・裡本體

95cm

1. 縫上布標

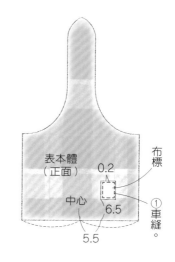

表本體
（正面）

0.2

布標

中心

6.5

5.5

①車縫。

<table>
<tr><td colspan="2">

完成尺寸
寬28×高35×側身10cm

原寸紙型
無

</td><td>

材料
表布（緹花布）100cm×55cm
裡布（棉布）100cm×55cm／**接著襯**（中薄）100cm×55cm
磁釦 1.8cm1組
附固定釦提把（寬2.4cm長60cm）1組

</td><td>

P.22 №.31
皮革提把托特包

</td></tr>
</table>

重點技巧

附固定釦提把安裝方法

①配合提把安裝位置，在安裝固定釦處作記號。

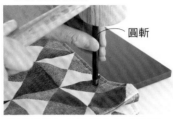

②以圓斬在安裝固定釦處打洞。

③提把夾住本體，從裡本體側穿入釦腳。

④穿出表本體側後蓋上釦面。

⑤將釦腳側嵌入環狀台凹槽內。

⑥將敲具抵住釦面，以木槌敲打至固定不動。其他7顆作法亦同。

※另一側的表本體、裡本體＆裡側身也依步驟①至⑤相同作法製作。（裡本體＆裡側身在脇邊預留10cm返口）

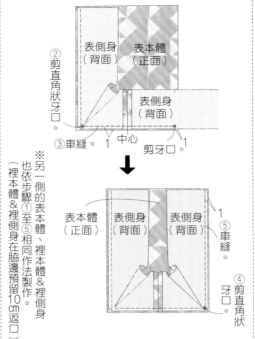

4. 縫合表本體＆裡本體

②將表本體翻至正面，放進裡本體內。

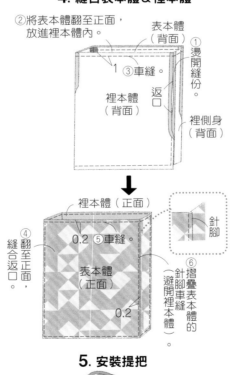

5. 安裝提把

5.5 5.5

裁布圖

※標示的尺寸已含縫份。
※□處需於背面燙貼接著襯（僅限表本體＆表側身）。

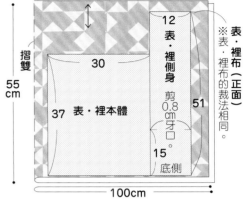

1. 安裝磁釦

②安裝磁釦。（參見P.93）
①於裡本體背面燙貼接著襯。

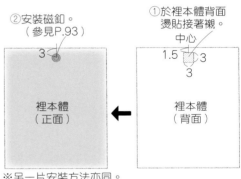

※另一片安裝方法亦同。

2. 車縫側身

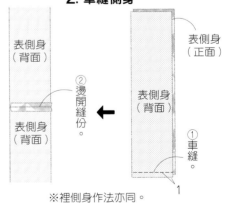

※裡側身作法亦同。

3. 車縫側身＆本體

完成尺寸	材料
寬38×高31×側身9.5cm	表布（合成皮）55cm×120cm
原寸紙型	布標 1片
無	

3. 對摺＆車縫兩脇邊

③提把正面相對，
依1cm縫份車縫＆燙開縫份。

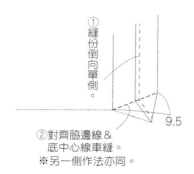

①於中心對摺。

提把（背面）
提把（背面）
本體B（正面）
本體B（背面）
0.3
②車縫。

4. 製作側身

①縫份倒向單側。

②對齊脇邊線＆底中心線車縫。
※另一側作法亦同。

9.5

5. 完成！

②對摺提把，從本體開始車縫裝飾線。
（避開 1 -①車縫的四角形區塊）

提把（正面）
0.3
10 10
9.5
9.5
0.3
①翻至正面。
本體B（正面）
③作出側身摺邊＆車縫。
本體A（正面）

2. 接縫提把＆本體

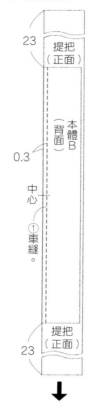

23
提把（正面）
0.3
本體B（背面）
中心
①車縫。
提把（正面）
23

②依步驟①作法，如圖所示接縫5片。

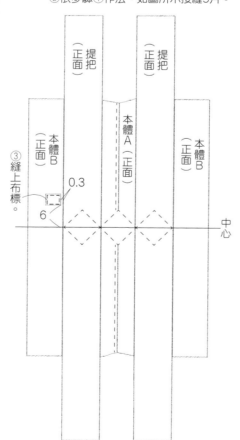

③縫上布標。
0.3
6
提把（正面）
提把（正面）
本體B（正面）
本體A（正面）
本體B（正面）
中心

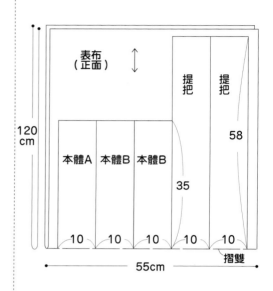

表布（正面）
120cm
本體A 本體B 本體B 提把 提把
35
58
10 10 10 10 10
摺雙
55cm

1. 車縫裝飾線

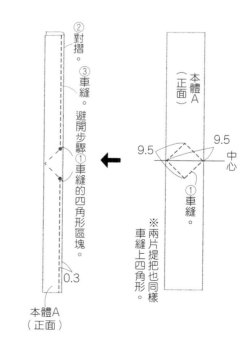

②對摺。
③車縫。避開步驟①車縫的四角形區塊。
0.3
本體A（正面）
9.5
9.5
中心
①車縫。
※兩片提把也同樣車縫上四角形。
本體A（正面）

90

完成尺寸	材料
寬30×高38cm	**表布**（棉質斜紋軟呢布）95cm×45cm

原寸紙型
B面

材料
表布（棉質斜紋軟呢布）95cm×45cm
裡布（棉布）95cm×45cm／**配布**（合成皮）25cm×15cm
接著襯（中薄）95cm×45cm／**彈簧壓釦** 14mm 1組
圓繩 粗0.4cm 300cm／**附雞眼釦底角片** 1組

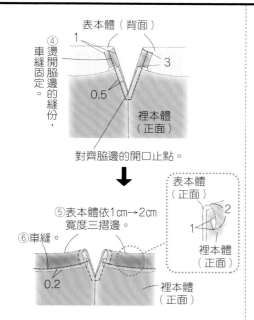

④燙開脇邊的縫份，車縫固定。

表本體（背面）

0.5

裡本體（正面）

對齊脇邊的開口止點。

⑤表本體依1cm→2cm寬度三摺邊。

⑥車縫。

0.2

裡本體（正面）

表本體（正面）

裡本體（正面）

3. 接縫雞眼釦底角片＆穿入圓繩

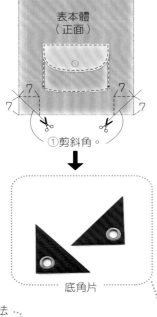

表本體（正面）

7　7

①剪斜角。

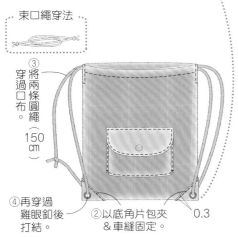

底角片

束口繩穿法

③將兩條圓繩穿過口布。
（150cm）

④再穿過雞眼釦後打結。

②以底角片包夾＆車縫固定。

0.3

---

⑦翻至正面。

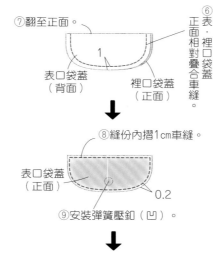

⑥表・裡口袋蓋正面相對疊合車縫。

表口袋蓋（背面）

裡口袋蓋（正面）

⑧縫份內摺1cm車縫。

表口袋蓋（正面）

0.2

⑨安裝彈簧壓釦（凹）。

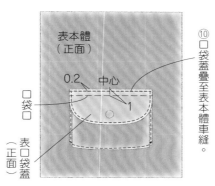

表本體（正面）

0.2　中心

口袋口

表口袋蓋（正面）

⑩口袋蓋疊至表本體車縫。

2. 製作並縫合表本體＆裡本體

8.5
（裡本體5.5）
開口止點

表本體（正面）

表本體（背面）

①兩片表本體正面相對疊合車縫。

1

※裡本體作法亦同。

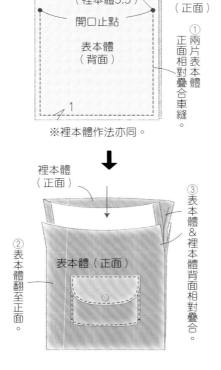

裡本體（正面）

②表本體翻至正面。

表本體（正面）

③表本體＆裡本體背面相對疊合。

裁布圖

※除了表・裡口袋蓋之外皆無原寸紙型，請依標示的尺寸（已含縫份）直接裁剪。
※□□處需於背面燙貼接著襯。

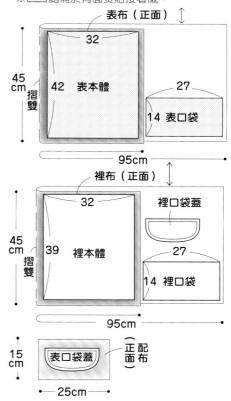

表布（正面）

32
42　表本體　　27
14　表口袋

45cm　摺雙

95cm

裡布（正面）

32
39　裡本體　　裡口袋蓋
27
14　裡口袋

45cm　摺雙

95cm

15cm

表口袋蓋　正面配布

25cm

1. 製作口袋

①表・裡口袋正面相對疊合車縫。

表口袋（背面）

裡口袋（正面）

②翻至正面車縫。

0.5　中心

③安裝彈簧壓釦（凸）。（參見P.29）

4

表口袋（正面）

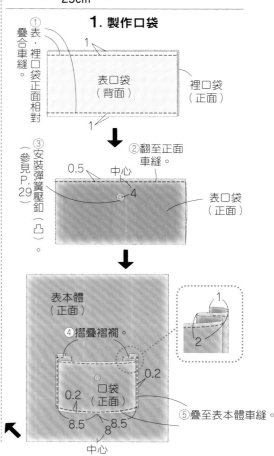

表本體（正面）

④摺疊褶襉。

口袋（正面）

0.2
0.2
8.5　8.5
8
中心

⑤疊至表本體車縫。

1
2

完成尺寸
寬42×高22×側身21cm

原寸紙型
C面

材料
表布（聚酯纖維・嫘縈）140cm×30cm
配布（棉麻布）105cm×40cm
裡布（棉布）110cm×80cm
接著襯（軟）92cm×60cm

P.31_ No. 34
內口袋隔層托特包

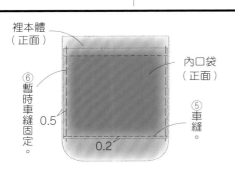

裡本體（正面）
內口袋（正面）
⑥暫時車縫固定。
0.5
0.2
⑤車縫。

※另一片也依相同作法接縫。

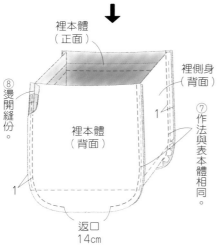

裡本體（正面）
裡側身（背面）
⑧燙開縫份。
1
⑦作法與表本體相同
裡本體（背面）
1
返口14cm

4. 縫合表本體＆裡本體

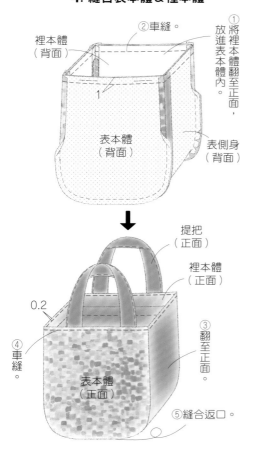

裡本體（背面）
②車縫。
①將裡本體翻至正面，放進表本體內。
1
表本體（背面）
表側身（背面）

提把（正面）
裡本體（正面）
0.2
④車縫。
③翻至正面
表本體（正面）
⑤縫合返口。

2. 製作表本體

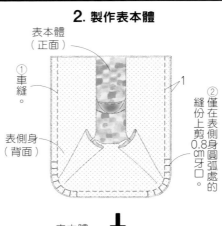

表本體（正面）
①車縫。
1
②僅在表側身圓弧處的縫份上剪0.8cm牙口。
表側身（背面）

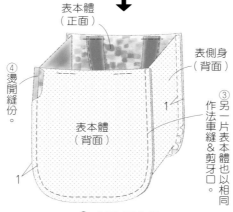

表本體（正面）
④燙開縫份。
表側身（背面）
1
③另一片表本體也以相同作法車縫＆剪牙口。
表本體（背面）
1

3. 製作裡本體

①依1.5cm→1.5cm寬度三摺邊車縫。

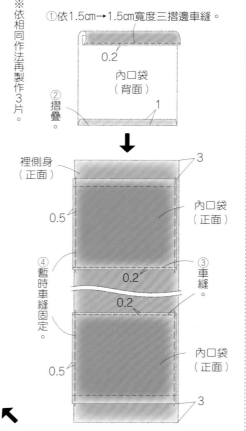

※依相同作法再製作3片。

內口袋（背面）
0.2
②摺疊。
1

裡側身（正面）
3
內口袋（正面）
0.5
④暫時車縫固定。
0.2
③車縫
0.2
0.5
內口袋（正面）
3

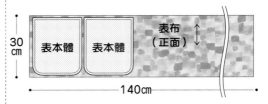

30cm
表本體
表本體
表布（正面）
140cm

提把（2條）
10×34cm

40cm
配布（正面）
72
表側身
23
105cm

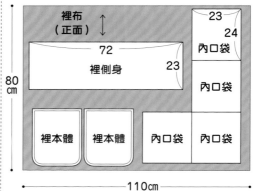

裡布（正面）
23
24
內口袋
72
裡側身
23
80cm
裡本體
裡本體
內口袋
內口袋
內口袋
110cm

1. 接縫提把

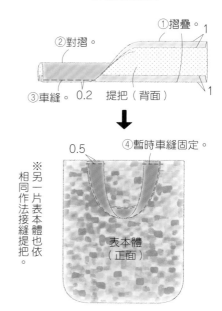

①摺疊。
1
②對摺。
③車縫。 0.2 提把（背面）
1

0.5
④暫時車縫固定。
※另一片表本體也依相同作法接縫提把。
表本體（正面）

完成尺寸	材料
寬35×高35cm	表布A（棉布）140cm×40cm
原寸紙型	表布B（棉麻布）110cm×40cm
無	裡布（棉布）90cm×80cm／接著襯（軟）92cm×40cm
	皮革帶 寬2cm 120cm／磁釦 1.8cm 2組

3. 完成！

③將手伸進返口，安裝兩組磁釦。

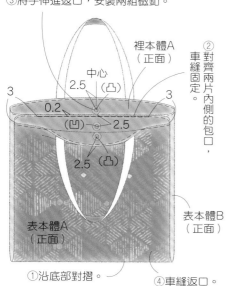

①沿底部對摺。
④車縫返口。

重點技巧
磁釦安裝方法

①將墊片中心的圓孔對齊磁釦安裝位置，畫出兩側的縱向線作記號。

②對摺本體，依記號線剪切口。

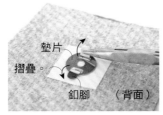

③從正面將釦腳插入切口，套上墊片，再以鉗子將釦腳摺向左右側。

2. 縫合表本體&裡本體

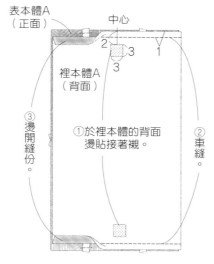

①於裡本體的背面燙貼接著襯。

③燙開縫份。
②車縫。

※表本體B&裡本體B作法亦同。

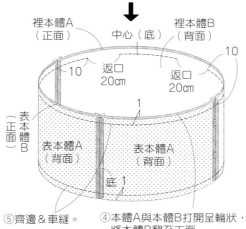

④本體A與本體B打開呈輪狀，將本體B翻至正面放進本體A內。
⑤齊邊&車縫。

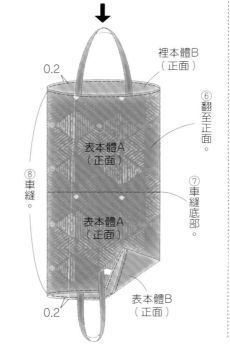

⑥翻至正面。
⑦車縫底部。
⑧車縫。

裁布圖

※標示的尺寸已含縫份。
※▨處需於背面燙貼接著襯（僅限表本體A）。

表布 A・B（正面）
※表布A・B的裁法相同。

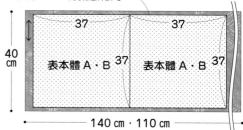

40cm

140cm・110cm

裡布（正面）

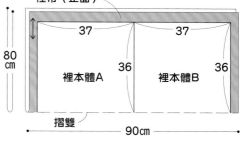

80cm

摺雙

90cm

1. 製作表本體

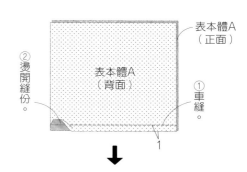

②燙開縫份。
①車縫。

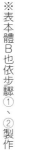

③暫時車縫固定。

※表本體B也依步驟①、②製作。

皮革帶57cm

完成尺寸	材料
寬30×高29×側身10cm	表布（聚酯纖維）140cm×35cm
原寸紙型	裡布（棉麻布）110cm×70cm
無	接著襯（軟）92cm×65cm
	皮革帶 寬2cm 80cm／手縫線

拼接褶襉包

2. 製作裡本體

③摺疊褶襉，暫時車縫固定。

②車縫。

0.5

7.5

裡本體（正面）

裡本體（背面）

①正面相對摺疊。

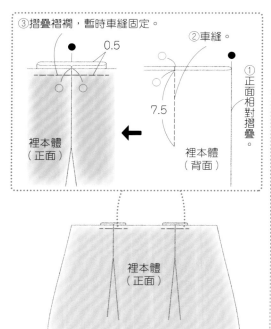

裡本體（正面）

※另一片作法亦同。

3. 縫合表本體＆裡本體

1.5

①車縫。

裡本體（背面）

表本體（正面）

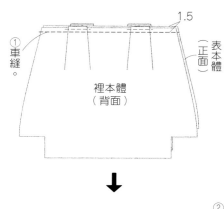

①表本體（正面）

②縫份倒向裡本體側。

裡本體（正面）

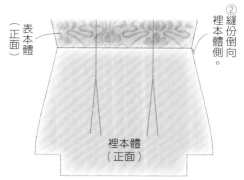

※依步驟①至②相同作法縫合另一片表本體＆裡本體。

裁布圖

※標示的尺寸已含縫份。
※▨▨▨處需於背面燙貼接著襯。

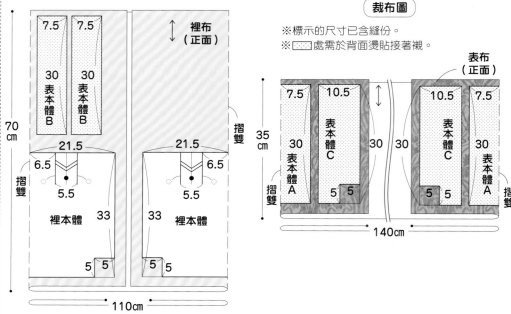

裡布（正面）

70cm

摺雙

7.5	7.5
30 表本體B	30 表本體B
21.5	21.5
6.5	6.5
5.5	5.5

裡本體 33

33 裡本體

110cm

摺雙

表布（正面）

35cm

7.5	10.5	10.5	7.5
30 表本體A	表本體C 30	表本體C 30	30 表本體A
5	5	5	5

140cm

1. 製作表本體

③依相同作法接縫另一片表本體A與表本體B・C。

②燙開縫份。

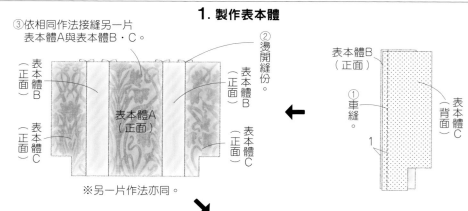

表本體B（正面）
表本體B（正面）
表本體A（正面）
表本體C（正面）
表本體C（正面）

※另一片作法亦同。

表本體B（正面）
①車縫。
表本體C（背面）
1

⑥摺疊褶襉，暫時車縫固定。

★ 0.5

表本體C（正面）
表本體A（正面）
表本體B（正面）

⑤對齊針腳，於針腳上車縫。

★

表本體C（背面）
表本體A（正面）
表本體B（背面）
6

④將表本體B正面相對對摺，摺出中心線。

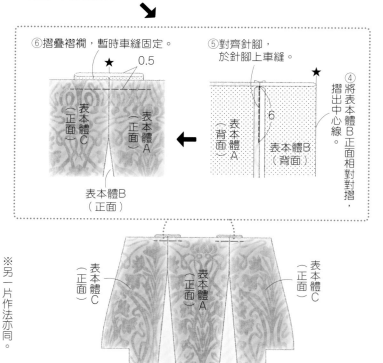

表本體C（正面）
表本體A（正面）
表本體C（正面）

※另一片作法亦同。

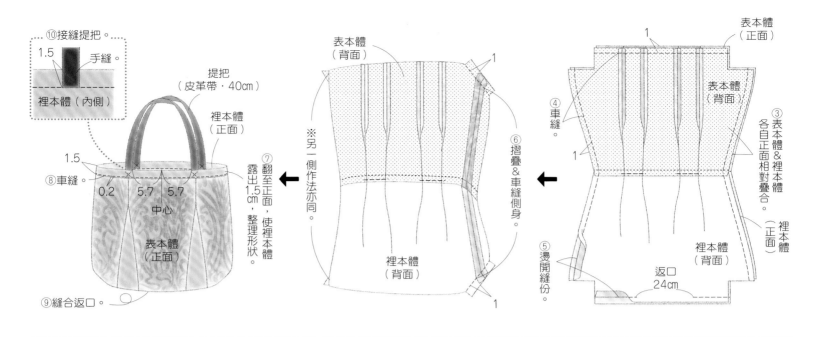

⑩接縫提把。
1.5
手縫。
裡本體（內側）

提把（皮革帶·40cm）

裡本體（正面）

1.5
⑧車縫。
0.2 5.7 5.7
中心
表本體（正面）
⑨縫合返口。

⑦翻至正面，使裡本體露出1.5cm，整理形狀。

※另一側作法亦同。

表本體（背面）

裡本體（背面）

⑥摺疊&車縫側身。

1

④車縫。
1

表本體（正面）

1

表本體（背面）

③表本體&裡本體各自正面相對疊合。

裡本體（正面）

⑤燙開縫份。

裡本體（背面）

返口 24cm

完成尺寸	材料	
寬18×高13.5×側身12cm	表布（嫘縈·棉聚酯纖維）50cm×25cm	**P.33** No. **37**
原寸紙型	裡布（棉布）50cm×25cm	**方底波奇包**
C面	接著襯（軟）50cm×25cm	
	拉鍊 18cm 1條／麻織帶 寬1.5cm 20cm	

---

1. 接縫拉鍊

※另一側作法亦同。

拉鍊止縫點
拉鍊（正面）
0.3

③翻至正面車縫。

拉鍊止縫點
②車縫
對齊中心。0.3
拉鍊（背面）
拉鍊止縫點
①暫時車縫固定。

0.7

表本體（正面）

裡本體（背面）

表本體（正面）

裡本體（背面）

〔裁布圖〕

※ 處需於背面燙貼接著襯（僅限表本體）。

表本體（正面）

25cm

摺雙

50cm

※表·裡布的裁法相同。

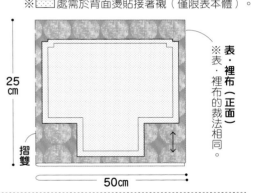

---

2. 製作本體

⑥將麻織帶夾入表本體內車縫。
※另一側作法亦同。

摺雙側

表本體（背面）

1

裡本體（背面）

⑤對摺麻織帶（8cm）。

⑦翻至正面，縫合返口。

表本體（正面）

表本體（正面）

返口 7cm
裡本體（正面）

②車縫。
1

裡本體（背面）

完成線

①表本體&裡本體各自正面相對疊合。
※拉開拉鍊。

表本體（正面）

表本體（背面）

③燙開縫份。

表本體（背面）

1

④摺疊&車縫側身。
※另一側&裡本體作法亦同。

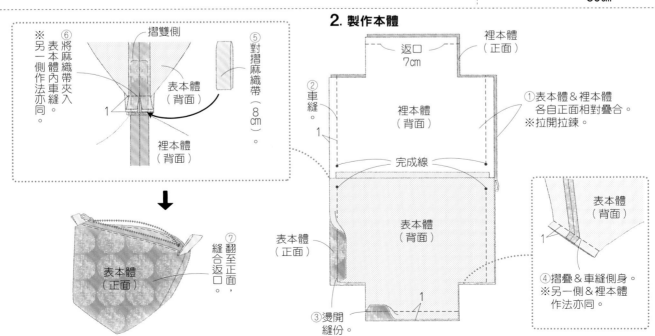

完成尺寸	材料
寬37.5×高23.5×側身10.5cm	表布（聚酯纖維・棉布）148cm×30cm
原寸紙型	配布（棉布）105cm×40cm／裡布（棉布）110cm×40cm
C面	接著襯（軟）92cm×60cm

4. 縫合表本體＆裡本體

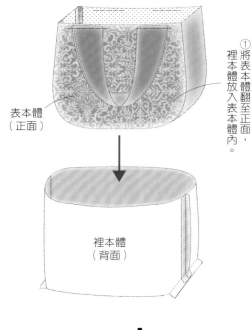

表本體（正面）

①將表本體翻至正面，裡本體放入表本體內。

裡本體（背面）

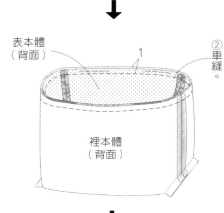

表本體（背面）

②車縫。

裡本體（背面）

1

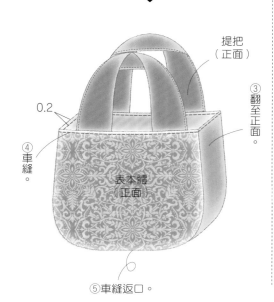

表本體（背面）

提把（正面）

0.2

④車縫。

③翻至正面。

表本體（正面）

⑤車縫返口。

2. 製作表本體

側身（正面）

①車縫。

②燙開縫份。

側身（背面）

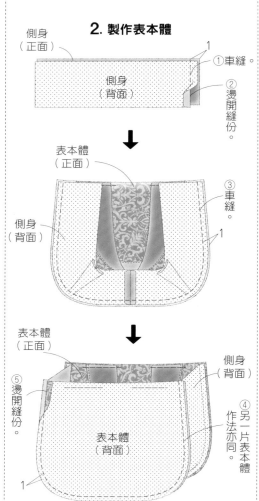

表本體（正面）

側身（背面）

③車縫。

1

1

表本體（正面）

側身（背面）

⑤燙開縫份。

表本體（背面）

1

④另一片表本體作法亦同。

3. 製作裡本體

裡本體（正面）

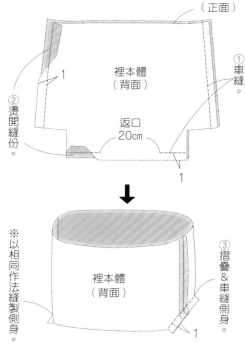

裡本體（背面）

①車縫。

②燙開縫份。

返口20cm

1

※以相同作法縫製側身。

裡本體（背面）

③摺疊＆車縫側身。

1

裁布圖

※側身・提把無原寸紙型，請依標示的尺寸（已含縫份）直接裁剪。
※▨ 處需於背面燙貼接著襯。

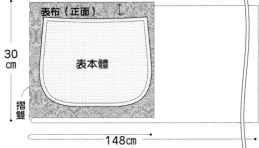

30cm

表布（正面）

表本體

摺雙

148cm

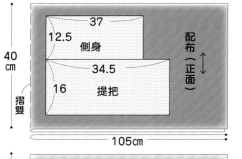

40cm

37

12.5

側身

34.5

16 提把

配布（正面）

摺雙

105cm

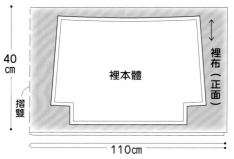

40cm

裡本體

裡布（正面）

摺雙

110cm

1. 製作提把

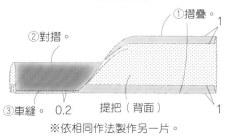

②對摺。

①摺疊。

1

③車縫。 0.2

提把（背面）

1

※依相同作法製作另一片。

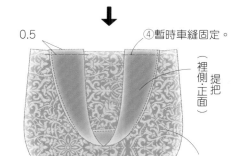

0.5

④暫時車縫固定。

裡側（正面）

提把

表本體（正面）

※另一片作法亦同。

完成尺寸	材料
寬30×高16×側身14cm	**表布**（11號帆布）110cm×80cm
	裡布（棉佳積布）90cm×50cm
原寸紙型	**配布**（合成皮）35cm×15cm ／**雙膠接著襯** 90cm×50cm
C面	**裙頭襯**（接著襯式）寬2cm 80cm
	雙開拉鍊 45cm 1條
	滾邊斜布條 寬8mm 250cm

波士頓包

4. 接縫前口袋＆袋底

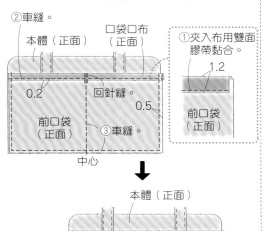

②車縫。
本體（正面）
口袋口布（正面）
①夾入布用雙面膠帶黏合。
1.2
0.2
回針縫。
0.5
前口袋（正面）
前口袋（正面）
③車縫。
中心

本體（正面）
0.2
前口袋（正面）
底（背面）
④車縫。 1
⑤以斜布條滾邊車縫。

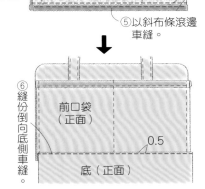

⑥縫份倒向底側車縫。
前口袋（正面）
0.5
底（正面）

※依步驟④至⑥相同作法車縫另一側。

5. 製作本體

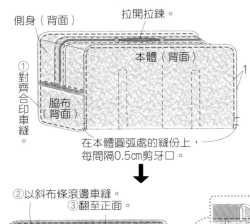

側身（背面）
拉開拉鍊。
本體（背面）
①對齊合印車縫。
脇布（背面）
1
在本體圓弧處的縫份上，每間隔0.5cm剪牙口。

②以斜布條滾邊車縫。
③翻至正面。
本體（背面）
0.2

裁布圖

※除了本體・脇布・側身之外皆無原寸紙型，請依標示的尺寸（已含縫份）直接裁剪。
※ ▨ 處先以雙膠接著襯黏合表布＆裡布，再依紙型裁剪（參見P.98）。

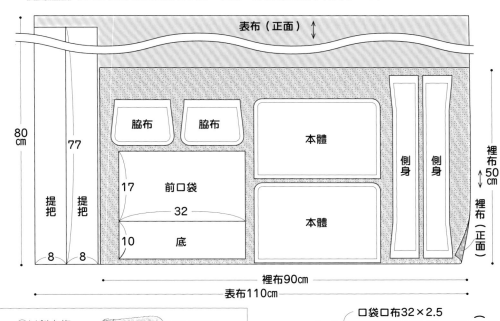

表布（正面）↑
80cm
77
脇布 脇布
本體
裡布50cm
17 前口袋
側身 側身
提把 提把
32
本體
裡布（正面）
10 底
8 8
裡布90cm
表布110cm

口袋口布32×2.5
15cm
脇口袋10×8.5
（正面）配布
35cm

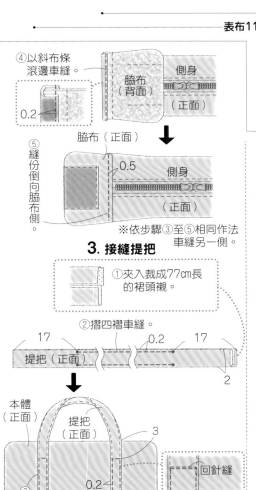

④以斜布條滾邊車縫。
脇布（背面）
側身（正面）
0.2
脇布（正面）
⑤縫份倒向脇布側。
0.5
側身（正面）

※依步驟③至⑤相同作法車縫另一側。

3. 接縫提把

①夾入裁成77cm長的裙頭襯。
②摺四褶車縫。
17 0.2 17
提把（正面）
2

本體（正面）
提把（正面）
③車縫。
3
0.2
6.5 6.5
中心
回針縫
※另一側作法亦同。

1. 接縫拉鍊

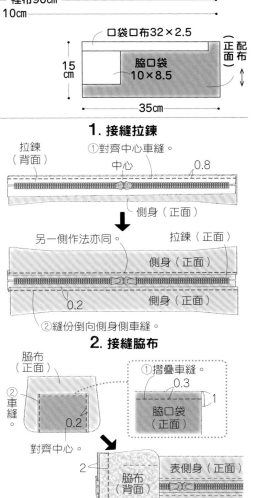

拉鍊（背面）
①對齊中心車縫。
中心 0.8
側身（正面）
另一側作法亦同。
拉鍊（正面）
側身（正面）
側身（正面）
0.2
②縫份倒向側身側車縫。

2. 接縫脇布

脇布（正面）
①摺疊車縫。
0.3
②車縫。
0.2
脇口袋（正面）
1
對齊中心。
2
脇布（背面）
表側身（正面）
③車縫。

完成尺寸	材料
寬20×高13×側身7cm	**表布**（11號帆布）45cm×25cm
	裡布（棉佳積布）45cm×25cm
原寸紙型	**配布**（皮革）10cm×5cm
無	**雙膠接著襯** 45cm×25cm
	尼龍拉鍊 50cm 1條

P.39_ No.40
繞縫袋口一圈拉鍊的波奇包

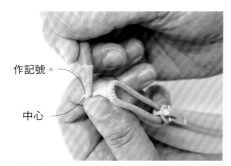

⑥於拉鍊中心作記號。

3. 接縫拉鍊

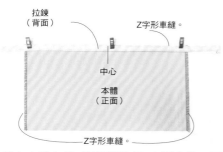

①在本體上端&兩脇邊進行Z字形車縫。再將拉鍊恢復成長條狀，對齊本體中心&拉鍊中心，正面相對疊合車縫。

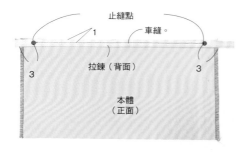

②在距邊1cm的兩個止縫點之間進行車縫。

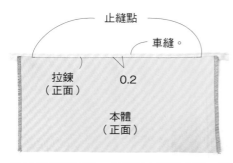

③拉鍊翻至正面，在兩個止縫點之間，沿距邊0.2cm處進行車縫。

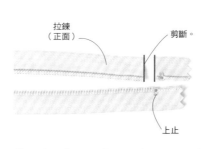

②在貼近上止的位置，剪斷左側布帶。

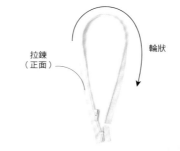

③拉鍊頭略往上拉，將剪斷的布帶摺成輪狀。

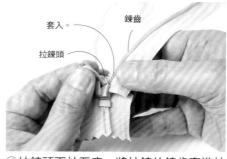

④拉鍊頭下拉至底，將拉鍊的鍊齒套進拉鍊頭右側。

⑤拉鍊變成輪狀。

---

1. 縫製前的準備

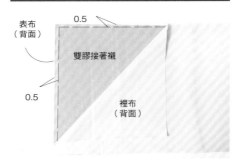

①將45cm×25cm的表布&裡布背面相對疊合，中間夾入尺寸小0.5cm的雙膠接著襯（44cm×24cm）。

②熨貼表布&裡布，使其貼合。

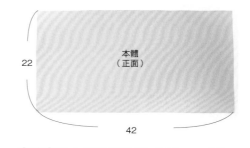

③將②貼合的表裡布裁成42cm×22cm（本體）。

2. 製作拉鍊

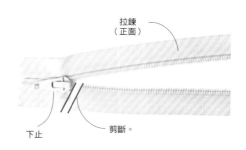

①拉鍊頭拉至下止處，在貼近下止的位置剪斷右側布帶。

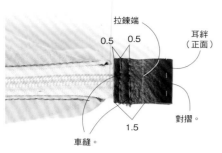

⑤以對摺的耳絆包夾拉鍊末端1.5cm，車縫固定。

⑥完成！

適合繞縫袋口一圈作法的拉鍊

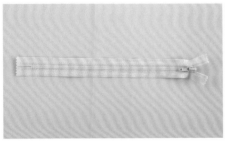

FLATKNIT拉鍊

隱形拉鍊

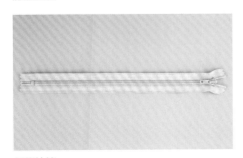

尼龍拉鍊

⑤保留1cm縫份，剪去多餘的部分，再將布邊Z字形車縫。

5. 處理拉鍊末端

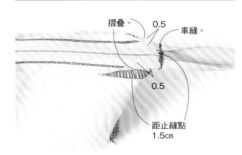

①將距止縫點1.5cm的拉鍊布帶往背側摺0.5cm＆車縫固定。

②剪去多餘的拉鍊。

③本體翻至正面。

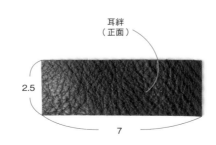

④以配布裁剪7×2.5cm（耳絆）。

4. 製作本體

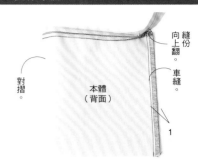

①本體正面相對對摺，將拉鍊縫份向上翻，在距邊1cm處車縫脇邊。

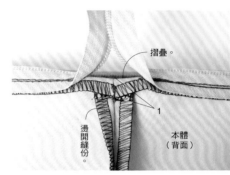

②縫份從上端燙開約3cm，摺疊拉鍊的縫份。再自正面車縫針腳，壓平縫份。

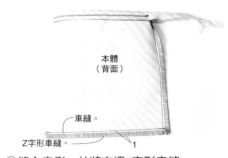

③縫合底側，並將布邊Z字形車縫。

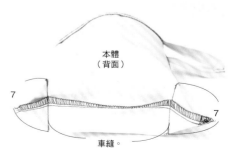

④對齊底中心線＆脇邊中心線，車縫7cm側身。

完成尺寸
腳的尺寸 S：23至23.5cm
　　　　 M：24至24.5cm

原寸紙型
C面

材料
表布（11號帆布）50cm×30cm
裡布A（棉佳積布）70cm×30cm
裡布B（法蘭絨棉布）70cm×30cm
配布A（丹寧布）30cm×30cm／配布B（皮革）20cm×20cm
接著襯（厚3mm）30cm×30cm 2片
雙膠接著襯 70cm×30cm

2. 接縫鞋底

依鞋頭記號拉收粗針目縫線。

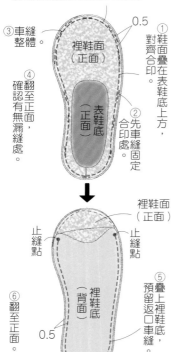

③車縫整體。
0.5
④確認翻至正面有無漏縫處。
①鞋面疊在表鞋底上方，對齊合印。
裡鞋面（正面）
表鞋底（正面）
②合先印處車縫固定
裡鞋面（正面）
止縫點
止縫點
⑥翻至正面。
裡鞋底（背面）
裡鞋面（正面）
裡鞋底（正面）
0.5
⑤預留疊上裡鞋底返口車縫。

3. 放入鞋底芯

保留布邊，不須處理。
0.5
裡鞋面（正面）
③車縫返口。
表鞋底（正面）
①鞋底重疊芯兩片車縫。
0.5
裡鞋面（正面）
②放入鞋底芯。
表鞋底（正面）
④翻至正面。
表鞋面（正面）
裡鞋面（正面）
表鞋底（正面）
裡鞋底（正面）
裡鞋面（正面）
※另一隻鞋作法亦同。

裁布圖

※除了鞋底襯之外皆加上0.5cm縫份。
※僅提供單腳紙型，製作相對的另一隻腳時，請將所有紙型翻面使用＆裁剪。
　雙線合印記號為足弓側。
※以雙膠接著襯貼合裡布A・B，再依紙型裁剪（參見P.98）。
※請配合紙型尺寸準備皮革。

配布B（正面）
20cm
鞋頭
鞋頭
20cm

配布A（正面）
30cm
表鞋底
表鞋底
30cm

表布（正面）
30cm
表鞋面
表鞋面
50cm

不織布（正面）
重疊兩片。
30cm
鞋底襯
鞋底襯
30cm

裡布A（正面）
30cm
裡鞋面
裡鞋面
裡鞋底
裡鞋底
裡布B（正面）
70cm

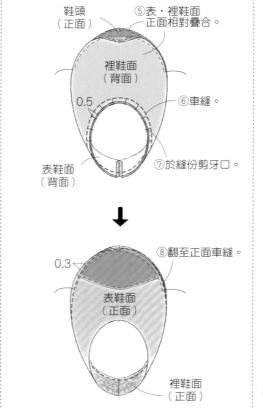

鞋頭（正面）
⑤表・裡鞋面正面相對疊合。
裡鞋面（背面）
0.5
⑥車縫。
表鞋面（背面）
⑦於縫份剪牙口。
0.3
⑧翻至正面車縫。
表鞋面（正面）
裡鞋面（正面）

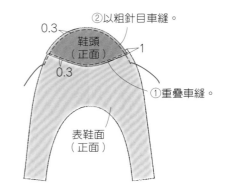

1. 製作鞋面

0.3
②以粗針目車縫。
鞋頭（正面）
1
0.3
①重疊車縫。
表鞋面（正面）
※左・右腳鞋面作法皆同。

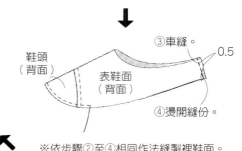

鞋頭（背面）
③車縫。
0.5
表鞋面（背面）
④燙開縫份。
※依步驟②至④相同作法縫製裡鞋面。

完成尺寸
寬21×高15×側身5cm

原寸紙型
無

材料
表布（羊毛布）30cm×40cm
裡布（亞麻布）30cm×40cm
配布（棉麻布）20cm×35cm／**單膠鋪棉** 30cm×40cm
皮革提把 寬1cm 40cm／**布標** 1片
磁釦（手縫式）1cm／**手縫線**

P.40_ No.42
掀蓋小包

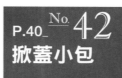

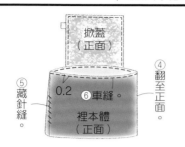

掀蓋（正面）
④翻至正面。
⑤藏針縫。
⑥車縫
0.2
裡本體（正面）

4.完成！

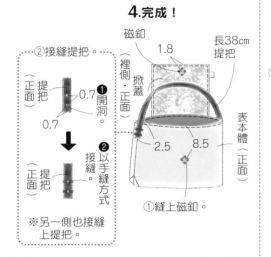

②接縫提把。
①開洞。
②以手縫方式接縫。
正面提把
0.7
0.7
※另一側也接縫上提把。

磁釦
1.8
長38cm提把
裡側・掀蓋・正面
2.5 8.5
表本體（正面）
①縫上磁釦。

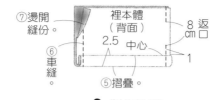

⑦燙開縫份。
裡本體（背面）
⑥車縫
2.5 中心
8cm 返口
1
⑤摺疊。

2. 製作掀蓋

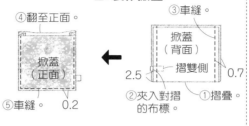

④翻至正面。
掀蓋（正面）
⑤車縫。 0.2
③車縫。
掀蓋（背面）
2.5 摺雙側
0.7
②夾入對摺的布標。
①摺疊。

3. 縫合表・裡本體

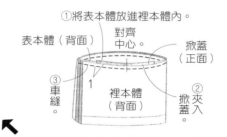

①將表本體放進裡本體內。
表本體（背面）
對齊中心。
掀蓋（正面）
③車縫。 1
②夾入掀蓋。
裡本體（背面）

裁布圖
※標示的尺寸已含縫份。
※□處需於背面燙貼單膠鋪棉（僅限本體）。

表・裡布（正面）
※表・裡布的裁法相同。

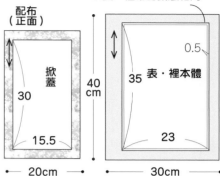

配布（正面）
35cm
掀蓋 30
15.5
20cm

表・裡本體
0.5
35
40cm
23
30cm

1. 製作表・裡本體

④正面翻至
③燙開縫份。
表本體（背面）
1 中心 2.5
②車縫
①摺疊。

完成尺寸
寬23×高16cm

原寸紙型
無

材料（■…No.22・■…No.51・■…共用）
表布（高布林織布）30cm×35cm・（合成皮）134cm×45cm
裡布（棉布）55cm×40cm／**配布**（棉布・合成皮）55cm×40cm
接著襯（免燙貼襯）20cm×5cm
D形環 12mm 2個／**問號鉤** 15mm 2個
彈簧壓釦13mm 3組／**金屬拉鍊** 22cm 2條
肩帶（寬1cm長77cm至140cm）1條

P.16_ No.22
P.50_ No.51
雙層拉鍊小肩包

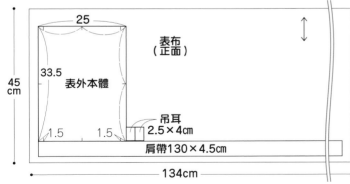

25
表布（正面）
33.5
45cm
表外本體
吊耳 2.5×4
1.5 1.5
肩帶130×4.5cm
134cm

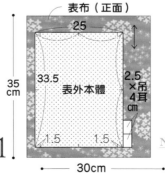

表布（正面）
25
35cm
33.5
表外本體
2.5×吊耳4cm
1.5 1.5
No.51

No.22
30cm

裁布圖
※標示的尺寸已含縫份。
※▨處需於背面燙貼接著襯。

－：合印（切口）位置

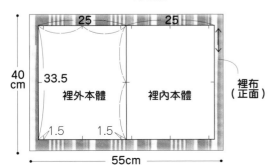

25 25
40cm
33.5
裡外本體
裡內本體
裡布（正面）
1.5 1.5
55cm

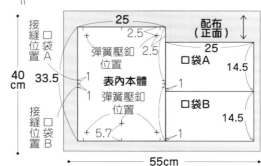

接縫位置
25
2.5
2.5
彈簧壓釦位置
配布（正面）
25
口袋A 14.5
40cm
33.5
表內本體
1
彈簧壓釦位置
口袋B 14.5
接縫位置
5.7
55cm

作法參見P.28至P.30
（No.22不製作肩帶，使用市售肩帶。
No.51可依喜好自由刺繡。）

P.45_ No.43 編織提把托特包

P.45_ No.44 拉鍊波奇包

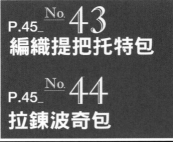

4. 製作裡本體

①依1cm→1cm往正面側三摺邊車縫。

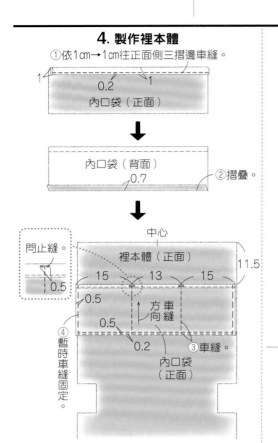

0.2　1
內口袋（正面）

內口袋（背面）
0.7
②摺疊。

閂止縫。
0.5

中心
裡本體（正面）
15　13　15
11.5
0.5
方向 車縫
0.5
0.2
③車縫。
內口袋（正面）
④暫時車縫固定。

5. 縫合表本體＆裡本體

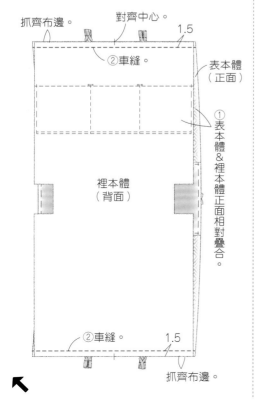

抓齊布邊。　對齊中心。　1.5
②車縫。
表本體（正面）
裡本體（背面）
①表本體＆裡本體正面相對疊合。
②車縫。　1.5
抓齊布邊。

裁布圖

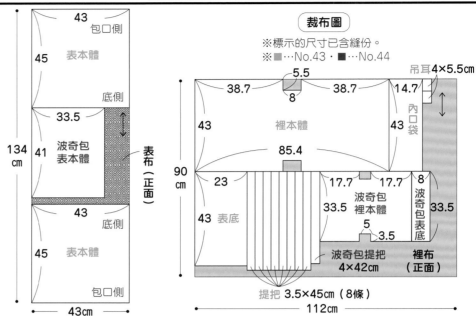

43
包口側
45
表本體
底側
33.5
波奇包表本體
41
表布（正面）
底側
43
45
表本體
包口側
134cm
43cm

※標示的尺寸已含縫份。
※■…No.43・ ■…No.44

吊耳4×5.5cm
5.5
38.7　8　38.7　14.7
43　裡本體　43　內口袋
85.4
90cm
23　17.7　17.7　8
43　表底　33.5　波奇包裡本體　波奇包表底　33.5
5　3.5
波奇包提把 4×42cm　裡布（正面）
提把 3.5×45cm（8條）
112cm

3. 製作表本體

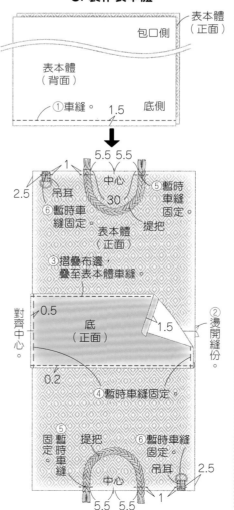

表本體（正面）
包口側
表本體（背面）
①車縫。　1.5
底側

5.5　5.5
2.5　1
吊耳
⑥暫時車縫固定。
中心　30
⑤暫時車縫固定
表本體（正面）
提把
③摺疊布邊，疊至表本體車縫。
②燙開縫份。
對齊中心。
0.5
底（正面）　1.5
0.2
④暫時車縫固定。
⑤固定 暫時車縫　提把　⑥暫時車縫固定。
中心
吊耳　2.5
5.5　5.5　1

1. 製作吊耳 No.43

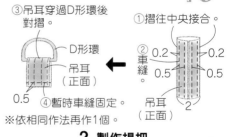

③吊耳穿過D形環後對摺。
①摺往中央接合。
D形環
②0.2　0.2
吊耳（正面）
0.5　0.5
車縫。
0.5
④暫時車縫固定。
吊耳（正面）
2
※依相同作法再作1個。

2. 製作提把

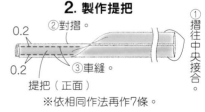

②對摺。
①摺往中央接合。
0.2
0.2
③車縫。
提把（正面）
※依相同作法再作7條。

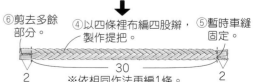

⑥剪去多餘部分。
④以四條裡布編四股辮，製作提把。
⑤暫時車縫固定。
2　30　2
※依相同作法再編1條。

四股辮的編法

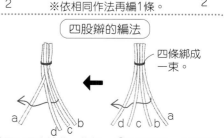

四條綁成一束。
a　b　d c b
d c
❷再以最右邊的一條裡布一上一下的穿過其餘三股，依此相同作法反覆進行編製。
❶如圖所示，以最右邊的一條裡布一上一下地穿過其餘三條。

6. 完成！

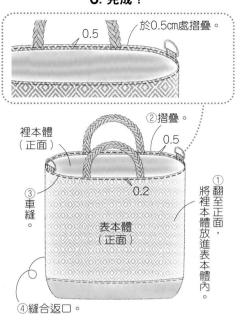

於0.5cm處摺疊。
0.5
②摺疊。
0.5
裡本體（正面）
③車縫。
0.2
表本體（正面）
①翻至正面，將裡本體放進表本體內。
④縫合返口。

⑥燙開縫份。
脇邊
⑦車縫。
10
1
表本體（背面）
對齊脇邊線＆底中心線。
⑧剪去多餘部分。
※另一側作法亦同。

⑨燙開縫份。
脇邊
⑩摺疊＆車縫側身。
1
裡本體（背面）
※另一側作法亦同。

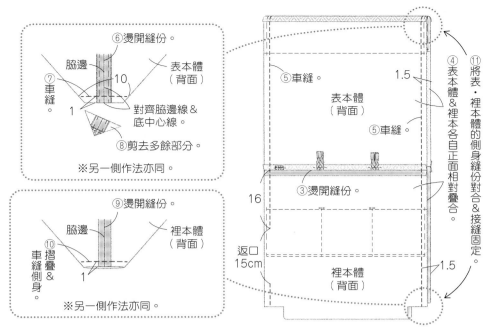

⑤車縫。
1.5
表本體（背面）
⑤車縫。
④表本體＆裡本體各自正面相對疊合。
⑪將表・裡本體的側身縫份對合＆接縫固定。
③燙開縫份。
16
返口15cm
裡本體（背面）
1.5

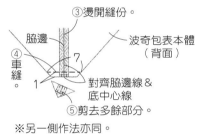

③燙開縫份。
脇邊
④車縫。
7
1
波奇包表本體（背面）
對齊脇邊線＆底中心線
⑤剪去多餘部分。
※另一側作法亦同。

⬇

⑥燙開縫份。
脇邊
波奇包裡本體（背面）
1
⑦摺疊＆車縫側身。
※另一側作法亦同。

⑧依No.43-**5.**⑪相同作法，將表・裡本體的兩邊側身縫份各自接縫固定。

5. 完成！

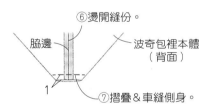

①翻至正面，將波奇包裡本體放進波奇包表本體內。
波奇包表本體（正面）
②縫合返口。

抓齊布邊。
波奇包裡本體（正面）
⑤車縫。
波奇包表本體（背面）
沿針腳內側車縫。
④波奇包表本體＆裡本體正面相對疊合。

⬇

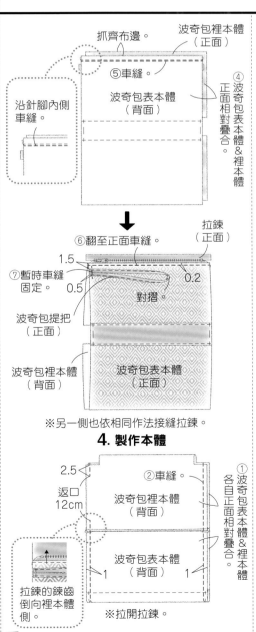

⑥翻至正面車縫。
拉鍊（正面）
1.5
0.2
⑦暫時車縫固定。
0.5
對摺。
波奇包提把（正面）
波奇包裡本體（背面）
波奇包表本體（正面）

※另一側也依相同作法接縫拉鍊。

4. 製作本體

2.5
返口12cm
②車縫。
波奇包裡本體（背面）
①波奇包表本體＆裡本體各自正面相對疊合。
波奇包表本體（背面）
1
1
拉鍊的鍊齒倒向裡本體側。
※拉開拉鍊。

No. 44

1. 製作提把

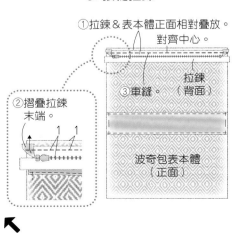

②對摺。
1
1
③車縫。
1
1
0.2
波奇包提把（正面）
①摺往中央接合。

2. 製作波奇包表本體

波奇包表本體（正面）
0.2
0.5
1
波奇包底（正面）
②暫時車縫固定。
對齊中心。
①摺疊布邊，疊至波奇包表本體車縫。

3. 接縫拉鍊

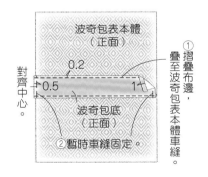

①拉鍊＆表本體正面相對疊放。對齊中心。
③車縫。
拉鍊（背面）
②摺疊拉鍊末端。
1 1
波奇包表本體（正面）

完成尺寸	材料
寬29×長26×側身8cm	表布（絨布）70cm×50cm 1片
	裡布（棉布）40cm×60cm
原寸紙型	提把用皮革帶 寬1.5cm 110cm
無	

P.46_ No. 45

環保皮草手提袋

2. 縫合表本體＆裡本體

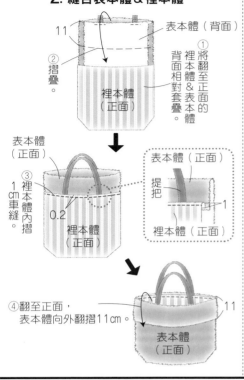

- 11
- ② 摺疊。
- ① 將裡本體＆表本體背面相對套疊。
- 裡本體的背面相對疊合。
- 表本體（背面）
- 裡本體（正面）
- 表本體（正面）
- ③ 裡本體內摺1cm車縫。
- 0.2
- 裡本體（正面）
- 表本體（正面）
- 提把
- 1
- 裡本體（正面）
- ④ 翻至正面，表本體向外翻摺11cm。
- 11
- 表本體（正面）

1. 製作表本體＆裡本體

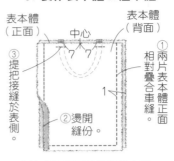

- 表本體（正面）
- 中心
- 表本體（背面）
- ③ 提把接縫於表側。
- 7　7
- ① 兩片表本體正面相對疊合車縫。
- 1
- ② 燙開縫份。

※依步驟①至②縫製裡本體。

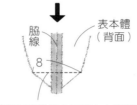

- 脇線
- 表本體（背面）
- 8
- ④ 對齊脇邊線＆底線中心車縫。

※另一側＆裡本體作法亦同。

裁布圖

※標示的尺寸已含縫份。
※表布是毛料素材，請注意毛流方向，以逆毛剪裁。

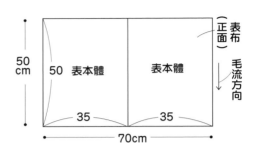

- 表布（正面）
- 毛流方向
- 50cm
- 50　表本體
- 表本體
- 35　35
- 70cm

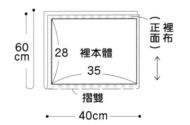

- 裡布（正面）
- 60cm
- 28　裡本體
- 35
- 摺雙
- 40cm

完成尺寸	材料
寬33×長33×側身10cm	表布（絨布）70cm×50cm 1片
	裡布（棉布）75cm×50cm
原寸紙型	圓繩 粗0.4cm 200cm
無	

P.47_ No. 46

環保皮草束口包

2. 縫合表本體＆裡本體

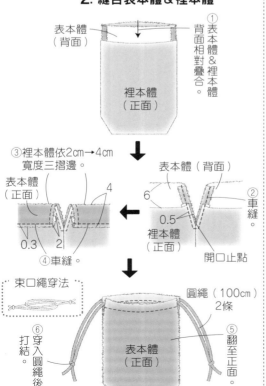

- 表本體（背面）
- ① 背面相對疊合。
- 表本體＆裡本體背面相對疊合。
- 裡本體（正面）
- ③ 裡本體依2cm→4cm寬度三摺邊。
- 表本體（正面）
- 4
- 表本體（背面）
- 6
- ② 車縫。
- 0.5
- 裡本體（正面）
- 開口止點
- 0.3　2
- ④ 車縫。
- 束口繩穿法
- ⑥ 打結。穿入圓繩後
- 圓繩（100cm）2條
- ⑤ 翻至正面。
- 表本體（正面）

1. 製作表本體＆裡本體

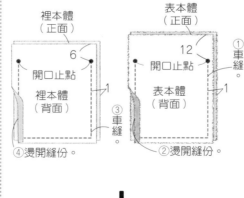

- 裡本體（正面）
- 6
- 開口止點
- 裡本體（背面）
- 1
- ③ 車縫。
- ④ 燙開縫份。
- 表本體（正面）
- 12
- 開口止點
- 表本體（背面）
- ① 車縫。
- 1
- ② 燙開縫份。

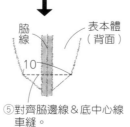

- 脇線
- 表本體（背面）
- 10
- ⑤ 對齊脇邊線＆底中心線車縫。

※另一側＆裡本體作法亦同。

裁布圖

※標示的尺寸已含縫份。
※表布是毛料素材，請注意毛流方向，以逆毛剪裁。

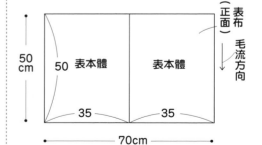

- 表布（正面）
- 毛流方向
- 50cm
- 50　表本體
- 表本體
- 35　35
- 70cm

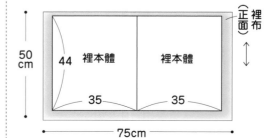

- 裡布（正面）
- 50cm
- 44　裡本體
- 裡本體
- 35　35
- 75cm

完成尺寸
寬31×長25×側身25.4cm

原寸紙型
無

材料
表布（環保皮草）120cm×60cm
配布（帆布）60cm×40cm／裡布（棉布）90cm×60cm
壓克力織帶提把 42cm 1組
拉鍊 30cm 1條／手提繩 粗0.3cm 40cm

P.48_ No. 48
環保皮草臉頰包

4. 縫合表本體＆裡本體

Point
因縫份重疊會變厚，建議以強力夾暫時固定。

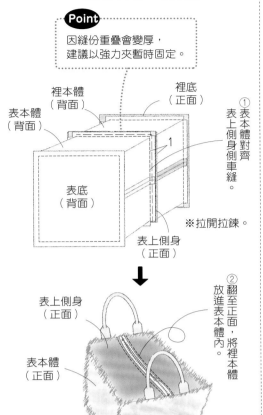

裡本體（背面）
裡底（正面）
表本體（背面）
表底（背面）
表上側身（正面）
1
① 表本體對齊表上側身側身車縫。
② 放進表本體內，將裡本體翻至正面，
※拉開拉鍊。

表上側身（正面）
表本體（正面）
表底（正面）
③ 縫合返口。

5. 製作毛球

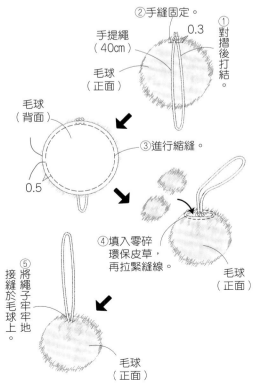

② 手縫固定。
手提繩（40cm）
毛球（正面）
0.3
① 對摺後打結。
毛球（背面）
③ 進行縮縫。
0.5
④ 填入零碎環保皮草，再拉緊縫線。
毛球（正面）
⑤ 將繩子牢牢地接縫於毛球上。
毛球（正面）

2. 製作表本體

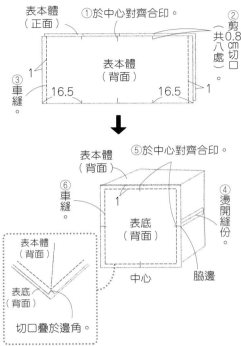

表本體（正面）
① 於中心對齊合印。
② 剪共0.8cm切口共八處。
表本體（背面）
③ 車縫。
1 16.5 16.5 1

表本體（背面）
⑤ 於中心對齊合印。
⑥ 車縫。
表底（背面）
④ 燙開縫份。
1
中心 脇邊

表本體（背面）
表底（背面）
切口疊於邊角。

3. 製作裡本體

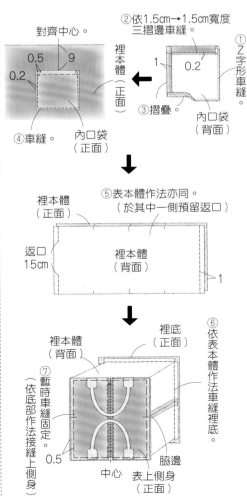

對齊中心。
0.5 9
0.2
裡本體（正面）
② 依1.5cm→1.5cm寬度三摺邊車縫。
① Z字形車縫。
1 0.2
③ 摺疊
內口袋（背面）
④ 車縫。
內口袋（正面）

⑤ 表本體作法亦同。（於其一側預留返口）
裡本體（正面）
返口15cm
裡本體（背面）
1

裡本體（背面）
裡底（正面）
⑥ 依表本體作法車縫裡底
暫時車縫固定。（依底部作法接縫上側身）
0.5
中心 脇邊 表上側身（正面）

裁布圖

※標示的尺寸已含縫份。
※表布為毛料素材，請注意毛流方向，以逆毛裁剪。

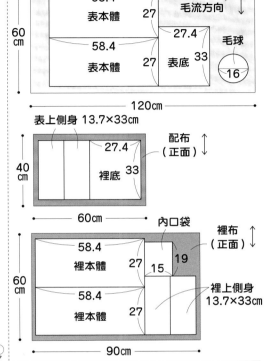

表布（正面） 毛流方向
60cm
58.4 表本體 27
58.4 表本體 27 27.4 表底 33
毛球 16
120cm

表上側身 13.7×33cm
配布（正面）
40cm
27.4 裡底 33
60cm

內口袋
裡布（正面）
60cm
58.4 裡本體 27 15 19
58.4 裡本體 27
裡上側身 13.7×33cm
90cm

1. 製作上側身

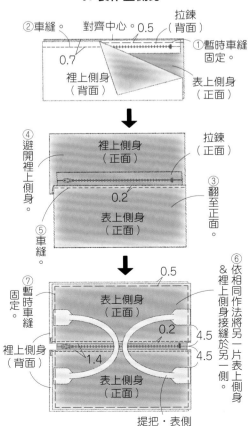

② 車縫 對齊中心 0.5
拉鍊（背面）
0.7
裡上側身（背面）
① 暫時車縫固定。
表上側身（正面）

④ 避開裡上側身。
裡上側身（正面）
拉鍊（正面）
0.2
表上側身（正面）
⑤ 車縫。
③ 翻至正面。

⑦ 暫時車縫固定。
0.5
表上側身（正面）
裡上側身（背面）
1.4
表上側身（正面）
0.2
4.5
4.5
⑥ 依相同作法將另一片表上側身＆裡上側身接縫於另一側。

提把・表側

完成尺寸	材料	
寬17×長21cm	**表布**（亞麻布）40×25cm	

原寸紙型
B面

材料
表布（亞麻布）40×25cm
裡布（棉布）60×30cm
單膠鋪棉 40×25cm

P.50_ No. 50
隔熱手套

---

1. 製作斜布條

①參見P.71_No.15步驟**1.**接縫斜布條。

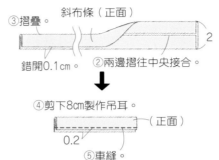

③摺疊。　斜布條（正面）

2

錯開0.1cm。　②兩邊摺往中央接合。

④剪下8cm製作吊耳。

（正面）

0.2

⑤車縫。

2. 製作本體

②於手指間＆圓弧處的
　縫份剪牙口。

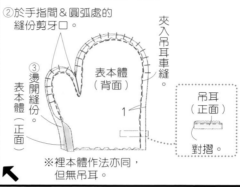

③燙開縫份。

表本體（背面）

夾入吊耳車縫。

表本體（正面）

1

吊耳（正面）

對摺。

※裡本體作法亦同，
　但無吊耳。

（裁布圖）

※斜布條無原寸紙型，請依標示的尺寸
　（已含縫份）直接裁剪。
※▭處需於背面燙貼單膠鋪棉。

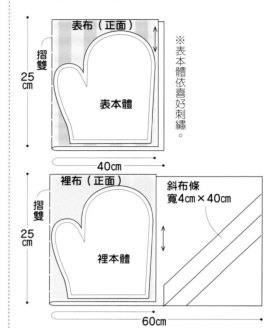

表布（正面）

25cm 摺雙

表本體

※表本體依喜好刺繡。

40cm

裡布（正面）

25cm 摺雙

裡本體

斜布條
寬4cm×40cm

60cm

左側圖示：

表本體（正面）　斜布條（背面）

山摺　摺疊1cm相疊。

④展開斜布條疊上，沿摺痕車縫。

↓

表本體（正面）

0.2

吊耳（正面）

斜布條（正面）

⑤以斜布條滾邊車縫。

完成尺寸	材料	
寬65×長70cm	**表布**（壓棉布）70cm×75cm	

原寸紙型
無

材料
表布（壓棉布）70cm×75cm
斜布條 寬5cm 210cm

P.50_ No. 52
多功能萬用墊

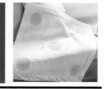

---

2. 本體進行滾邊

①翻至正面，
　重新摺疊摺痕。

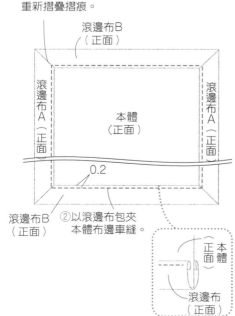

滾邊布B（正面）

滾邊布A（正面）

滾邊布A（正面）

本體（正面）

0.2

滾邊布B（正面）　②以滾邊布包夾
　本體布邊車縫。

正面 本體
滾邊布（正面）

---

②展開摺痕

摺痕　滾邊布A（正面）

※作上記號。

※另一側也作記號。

6

1

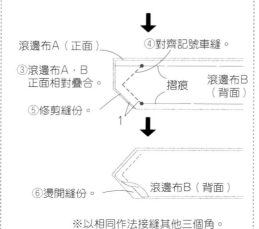

※依相同作法在另一條滾邊布A＆
　兩條滾邊布B上作記號。

↓

③滾邊布A・B
　正面相對疊合。

滾邊布A（正面）

④對齊記號車縫。

摺痕

滾邊布B（背面）

⑤修剪縫份。

1

↓

⑥燙開縫份。

滾邊布B（背面）

※以相同作法接縫其他三個角。

（裁布圖）

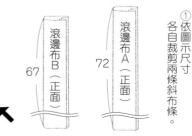
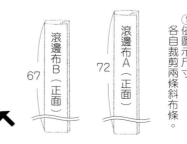

表布（正面）

65
53
75cm 70
58

本體
於此尺寸範圍內刺繡。

70cm

---

1. 製作滾邊布

滾邊布B（正面）
67

滾邊布A（正面）
72

①依圖示尺寸
各自裁剪兩條斜布條。

106

表布（棉布）50cm×20cm
提把用PVC軟管 直徑1cm 40cm／串珠（白色）5mm 1個
蕾絲 寬3cm 15cm／填充棉 適量
25號繡線（茶色・深水藍・淺水藍・深粉紅・淺粉紅）

原寸紙型
B面

3. 製作身體

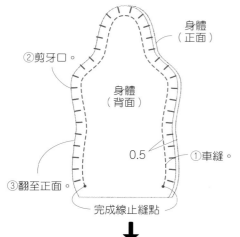

②剪牙口。
身體（正面）
身體（背面）
0.5
①車縫。
③翻至正面。
完成線止縫點

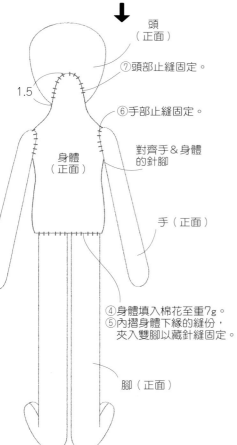

頭（正面）
⑦頭部止縫固定。
1.5
⑥手部止縫固定。
身體（正面）
對齊手&身體的針腳
手（正面）
④身體填入棉花至重7g。
⑤內摺身體下緣的縫份，夾入雙腳以藏針縫固定。
腳（正面）

4. 製作褲子

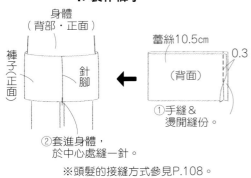

身體（背部・正面）
蕾絲10.5cm
褲子（正面）
針腳
（背面）
0.3
①手縫&燙開縫份。
②套進身體，於中心處縫一針。
※頭髮的接縫方式參見P.108。

裁布圖

臉部先裁大一點，等完成刺繡再依紙型修剪。

20cm
臉
頭
身體
身體
腳
腳
手
手
表布（正面）

50cm

2. 製作手・腳

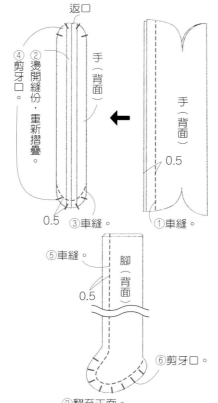

返口
④剪牙口。
②燙開縫份，重新摺疊。
手（背面）
手（背面）
0.5
③車縫。
①車縫。
⑤車縫。
腳（背面）
0.5
⑥剪牙口。
⑦翻至正面。

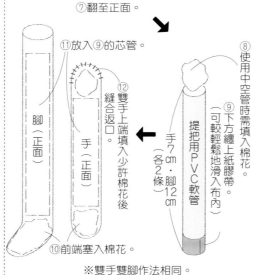

⑪放入⑨的芯管。
⑫雙手上端填入少許棉花後縫合返口。
⑧使用中空管時需填入棉花。
⑨下方纏上紙膠帶（可較輕鬆地滑入布內）
腳（正面）
手（正面）
手（正面）
手7cm・腳12cm（各2條）
提把用PVC軟管
⑩前端塞入棉花。
※雙手雙腳作法相同。

1. 製作頭部

①在臉上刺繡（皆取1股繡線）。

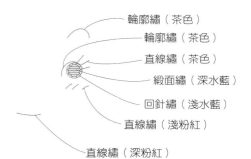

輪廓繡（茶色）
輪廓繡（茶色）
直線繡（茶色）
緞面繡（深水藍）
回針繡（淺水藍）
直線繡（淺粉紅）
直線繡（深粉紅）

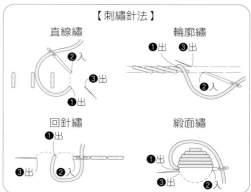

【刺繡針法】
直線繡
❶出 ❷入 ❸出
輪廓繡
❶出 ❸出 ❷入
回針繡
❶出 ❸出 ❷入
緞面繡
❶出 ❷入 ❸出

②依紙型裁剪。

臉（正面）
返口12cm
③車縫。
頭（背面）
0.5
④剪牙口。
⑤翻至正面。
⑥頭部填入棉花至重4g。
⑦將串珠壓進布內當成鼻子。
⑧縫合返口。

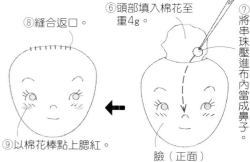

⑨以棉花棒點上腮紅。
臉（正面）

完成尺

外套：長13cm

毛衣：長10cm

褲子：高11.5cm

靴子：長4cm

包包：高4.5×寬6cm

襪子：長11cm

原寸紙型

D面

材料

表布A（不織布或壓縮針織）40cm×25cm

表布B（襪子・象牙白）25 ×15 cm

表布C（襪子・霜降灰）20cm×15cm

表布D（襪子・水藍色）10cm×10cm

表布E（羊毛布）25cm×15cm

表布F（羅紋布）20cm×15cm

表布G（皮革）20cm×10cm

表布H（不織布）15cm×10cm／牛角釦 2cm 2顆

繩擋（馬口夾式）0.6cm 1個

鬆緊帶 寬0.5cm 15cm／毛線（中粗）適量

裁布圖

※表布B・C・D是將襪子剪開使用。

※領子、包蓋、包包前片、包包肩帶、布釦環無原寸紙型，
請依標示的尺寸（已含縫份）直接裁剪。

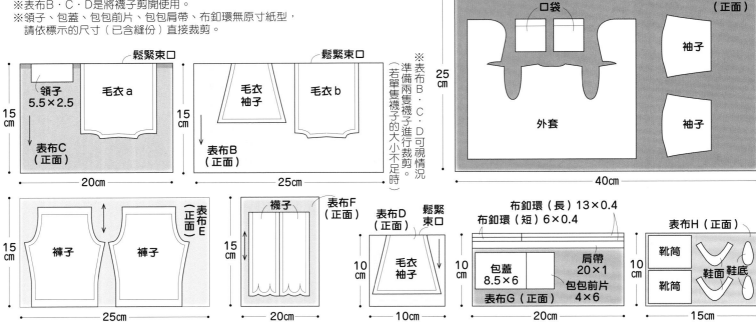

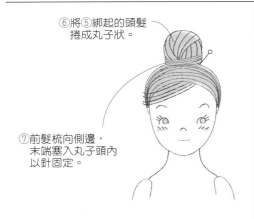

⑥將⑤綁起的頭髮
捲成丸子狀。

⑦前髮梳向側邊，
末端塞入丸子頭內
以針固定。

2. 製作外套

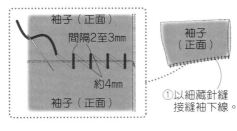

①以細藏針縫
接縫袖下線。

※以下標示「以細藏針縫接縫」的位置
也依相同作法進行。

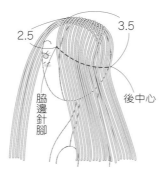

③整理頭髮，依脇邊→後中心→
脇邊的順序將橫向頭髮止縫固定。
（使用同色線）

④修齊長度。

⑤將橫向＆後面
的頭髮於頭頂
綁成一束，以
珠針固定。

1. 接縫頭髮

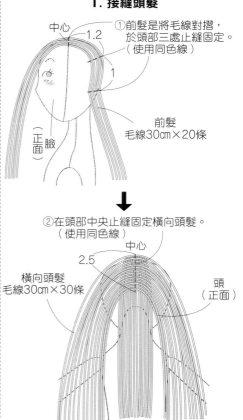

①前髮是將毛線對摺，
於頭部三處止縫固定。
（使用同色線）

前髮
毛線30cm×20條

②在頭部中央止縫固定橫向頭髮。
（使用同色線）

橫向頭髮
毛線30cm×30條

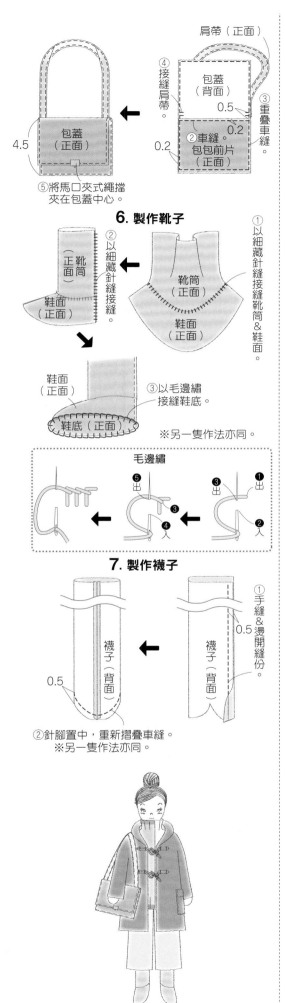

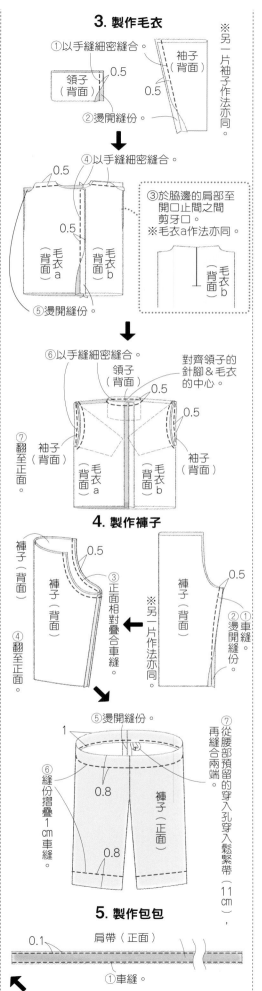

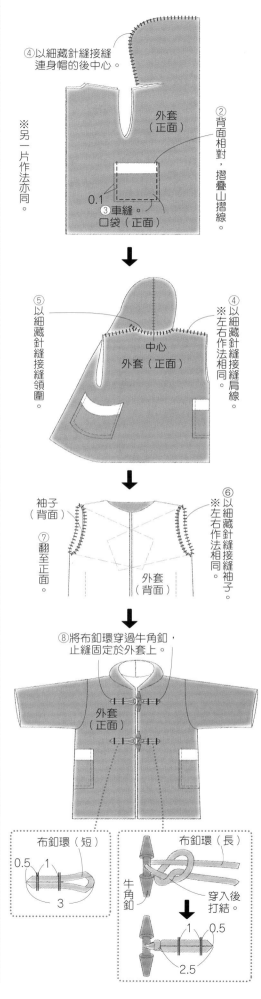

3. 製作毛衣

①以手縫細密縫合。
②燙開縫份。
③於脇邊的肩部至開口止間之間剪牙口。
※毛衣a作法亦同。
④以手縫細密縫合。
⑤燙開縫份。
※另一片袖子作法亦同。
⑥以手縫細密縫合。
對齊領子的針腳＆毛衣的中心。
⑦翻至正面。

4. 製作褲子

①車縫。
②燙開縫份。
③正面相對疊合車縫。
※另一片作法亦同。
④翻至正面。
⑤燙開縫份。
⑥縫份摺疊1cm車縫。
⑦從腰部預留的穿入孔穿入鬆緊帶（11cm），再縫合兩端。

5. 製作包包

①車縫。
④接縫肩帶。
③重疊車縫。
②車縫。
⑤將馬口夾式繩擋夾在包蓋中心。

6. 製作靴子

①以細藏針縫接縫靴筒＆鞋面。
②以細藏針縫接縫。
③以毛邊繡接縫鞋底。
※另一隻作法亦同。

毛邊繡

7. 製作襪子

①手縫＆燙開縫份。
②針腳置中，重新摺疊車縫。
※另一隻作法亦同。

④以細藏針縫接縫連身帽的後中心。
②背面相對，摺疊山摺線。
③車縫。
⑤以細藏針縫接縫領圍。
※另一片作法亦同。
④以細藏針縫接縫肩線。
※左右作法相同。
⑥以細藏針縫接縫袖子。
※左右作法相同。
⑦翻至正面。
⑧將布釦環穿過牛角釦，止縫固定於外套上。

布釦環（短）
布釦環（長）
牛角釦
穿入後打結。

完成尺寸	材料
寬約38×高約27cm	【玫瑰花】表布（棉布）10cm×10cm 17片・15cm×15cm 3片

完成尺寸

寬約38×高約27cm

原寸紙型

D面

材料

- **【玫瑰花】表布**（棉布）10cm×10cm 17片・15cm×15cm 3片
  配布（棉布）10cm×10cm
  包釦芯1.8cm・2cm 2顆／**裡布**（歐根紗）100cm×25cm
- **【葉片】表布**（棉布）10cm×10cm 8片
- **【白花】表布**（棉布）40cm×20cm／**配布**（棉布）15cm×10cm
- **【托盤】表布**（棉布）15cm×10cm／**配布**（棉布）20cm×15cm
- **【酒瓶】表布A**（金色的布）20cm×10cm／**配布B**（棉布）25cm×25cm
  配布C（亞麻布）5cm×10cm
- **【玻璃杯】表布**（歐根紗）40cm×20cm／**表布**（歐根紗）5cm×10cm
- **【本體】表布**（亞麻布）100cm×30cm／**裡布**（棉布）45cm×25cm
  配布（亞麻布）45cm×30cm
- **【共用】單膠鋪棉** 100cm×50cm／**雙膠接著襯** 20cm×30cm
  貼布縫紙襯 25cm×35cm／**25號繡線**（黃色・茶色）／**壓克力顏料**

P.54_ No. **55**
新春賀卡信插

⑥從切口翻至正面作整理。依相同作法製作4片玫瑰花b・5片玫瑰花c・7片玫瑰花d・3片玫瑰花e。

↓

⑦車縫裝飾線。
⑧周圍進行縮縫。
小玫瑰花蕊（配布・正面）
0.5

小玫瑰花蕊（背面）
直徑3.5cm（大玫瑰花蕊4cm）鋪棉
⑨放入包釦芯再拉緊縫線。
※大・小各作2個。
包釦芯（小1.8cm・大2cm）

↓

【玫瑰花A】
玫瑰花d　玫瑰花c
玫瑰花b
小玫瑰花蕊

【玫瑰花B】
玫瑰花c・2片
玫瑰花a
小玫瑰花蕊
玫瑰花d・2片

【玫瑰花C】
玫瑰花d・2片
大玫瑰花蕊
玫瑰花c・2片
玫瑰花e

【玫瑰花D】
玫瑰花b
玫瑰花e・2片
大玫瑰花蕊
玫瑰花d・2片

⑩參見圖示協調整體平衡，組合花朵＆止縫固定，再於中心縫上花蕊。

【白花葉・玫瑰花葉】

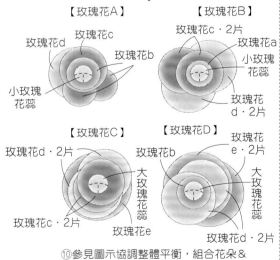

車縫完成線。
葉片（表布・背面）
葉片（表布・正面）

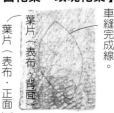

①將裁得比葉片大的兩片表布正面相對疊合，加上完成線記號車縫。

1.製作各組件
【玫瑰花】

玫瑰花a（表布・背面）
裡布（正面）
完成線

①將裁得比玫瑰花a稍大的表布＆裡布（歐根紗）正面相對疊合，以珠針固定，再加上完成線記號。

↓

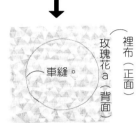

裡布（正面）
玫瑰花a（背面）
車縫。

②車縫完成線。

↓

玫瑰花a（背面）
剪切口。
1

③縫份先修剪至1cm，再剪牙口。

↓

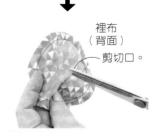

裡布（背面）
剪切口。

④於裡布剪切口。

↓

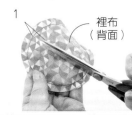

1
裡布（背面）

⑤將剪刀伸進切口，剪至距縫份1cm處。

【Free Motion自由曲線刺繡】

縫紉機提供：brother販售（株）

※請查閱說明書等，確認手邊的縫紉機能否進行自由曲線刺繡。

放下送布齒。
【切換壓桿】

①裝上拼布壓布腳，切換壓桿，放下送布齒。

接著襯
表布（正面）
單膠鋪棉

②依表布、單膠鋪棉、接著襯的順序重疊，以熨斗熨貼。

③以水消粉土筆在表布正面畫線，開始車縫。

④因為放下送布齒，布可以自由移動。雙手持布，配合畫線移動布。

※若縫紉機無自由曲線刺繡的功能，可改以手縫刺繡。

⑤完成。

110

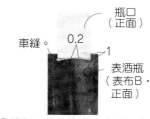

瓶口（正面）
車縫。 0.2 1
表酒瓶（表布B・正面）

②將瓶口的貼邊翻至背面，瓶口疊至裁得比表酒瓶大的表布B上車縫。

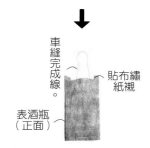

車縫完成線。
貼布繡紙襯
表酒瓶（正面）

③將貼布繡紙襯疊至正面，加上完成線記號後車縫。

表酒瓶（正面）

④依花蕊相同作法燙貼單膠鋪棉，再翻出正面。

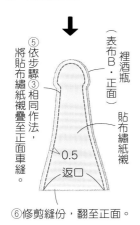

（表布B・裡酒瓶正面）
⑤依步驟③相同作法，將貼布繡紙襯疊至正面車縫。
貼布繡紙襯
0.5
返口

⑥修剪縫份，翻至正面。

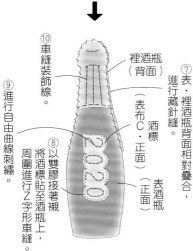

⑩車縫裝飾線。
裡酒瓶（背面）
⑦表・裡酒瓶背面相對疊合，進行藏針縫。
酒標（表布C・正面）
⑨進行自由曲線刺繡。
⑧以雙膠接著襯將酒標貼至酒瓶上，周圍進行Z字形車縫。
表酒瓶（正面）
2020

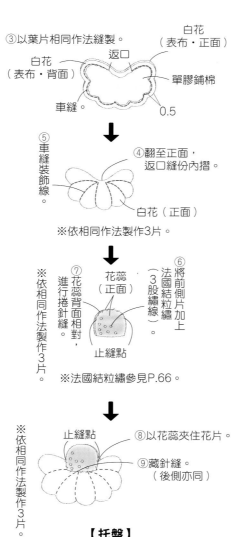

③以葉片相同作法縫製。
白花（表布・正面）
返口
白花（表布・背面）
單膠鋪棉
車縫 0.5

⑤車縫裝飾線。
④翻至正面，返口縫份內摺。
白花（正面）

※依相同作法製作3片。

⑦花蕊背面相對，進行捲針縫。
花蕊（正面）
⑥將前側片加上法國結粒繡（3股繡線）。
止縫點

※依相同作法製作3片。

※法國結粒繡參見P.66。

止縫點
⑧以花蕊夾住花片。
⑨藏針縫。（後側亦同）

※依相同作法製作3片。

【托盤】
①依花蕊相同作法車縫托盤底座。
②以雙膠接著襯將托盤貼至底座上。

托盤（表布・正面）
托盤底布（配布・正面）
貼布縫紙襯
③毛邊繡（3股繡線）。
④進行自由曲線刺繡。
Happy New Year

※毛邊繡參見P.109。

【酒瓶】

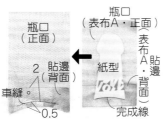

瓶口（表布A・正面）
瓶口（正面）
表布A・背面 貼邊
2
貼邊（背面）
紙型背面
車縫 0.5
完成線

①將裁得比瓶口＆貼邊大的表布A，正面相對疊合。放上紙型，於瓶口下側描畫完成線後車縫，並將縫份剪至0.5cm。

葉片（背面）
單膠鋪棉
0.5

②縫份剪至0.5cm，於單側的完成線內燙貼裁好的單膠鋪棉。

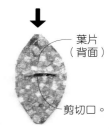

葉片（背面）
剪切口。

③在未貼鋪棉的葉片側，橫向剪切口。

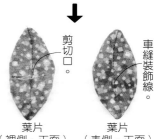

剪切口。
車縫裝飾線。
葉片（裡側・正面）
葉片（表側・正面）

⑤從切口翻至正面，車縫裝飾線。依相同作法共製作5片白花葉・3片玫瑰花葉。

【白花】

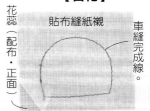

花蕊（配布・正面）
貼布縫紙襯
車縫完成線。

①將貼布縫紙襯疊至裁得比花蕊大的配布正面，加上完成線記號車縫。

貼布縫紙襯：不織布的薄紙襯

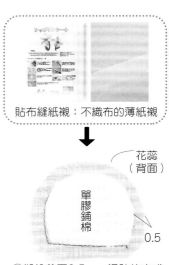

花蕊（背面）
單膠鋪棉
0.5

②縫份剪至0.5cm，燙貼依完成線裁剪的單膠鋪棉。於貼布縫紙襯剪切口，將布料正面翻出。依相同作法共製作6片。

3. 製作本體

②每間隔1cm車縫裝飾壓線。

①沿表底座背面的完成線燙貼單膠鋪棉。

表底座（表布・正面）

↓

表底座（正面）

③正面相對，疊上裡底座。

裡底座（配布・背面）

④車縫。

返口

1

⑤翻至正面，內摺返口縫份。

↓

⑦沿酒瓶周圍止縫固定。

表口袋（正面）

表底座（正面）

⑥疊放上口袋，周圍進行捲針縫。

避開花與葉。

2020
Happy New Year

4. 接縫提把

①依葉片作法車縫提把。

④以壓克力顏料著色。

③車縫裝飾線。

②翻至正面。

單膠鋪棉

0.5

返口

提把（正面）

提把（表布・背面）

※紙型翻面，再作另一條提把。

↓

⑤將提把藏針縫於接縫位置。

2020
Happy New Year

2. 製作口袋

表口袋（表布・正面）

①沿表口袋背面的完成線燙貼單膠鋪棉。

②疊至接縫位置，於裝飾線上重複車縫。

↓

表口袋（正面）

③裡口袋＆表口袋正面相對疊合。

裡口袋（裡布・背面）

返口

⑤翻至正面。

④車縫。

1

↓

酒瓶（正面）

表口袋（正面）

托盤底座（正面）

2020
Happy New Year

⑥縫合返口。

⑦將托盤底座＆酒瓶疊至接縫位置，車縫固定。

↓

⑧接縫葉片。

於葉脈旁止縫固定。

玫瑰花A

玫瑰花B

玫瑰花C

玫瑰花D

2020
Happy New Year

⑨接縫花朵。

⑩接縫玫瑰花。

於花蕊旁止縫固定

於花蕊旁止縫固定

【玻璃杯】

背面（表布）

表面

雙膠接著襯

①將雙膠接著襯疊至裁得比玻璃杯大的表布上。

↓

烘焙紙

②以烘焙紙包夾熨燙。

↓

表布（正面）

③黏合兩片表布。

↓

玻璃杯（表布・正面）

車縫裝飾線。

④以與布同色的線車縫裝飾線，再依完成線修剪。

↓

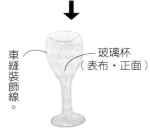

玻璃杯影（配布・正面）

⑤配布的正面貼上雙膠接著襯，依完成線修剪玻璃杯影。

↓

玻璃杯（正面）

玻璃杯影（正面）

⑥從玻璃杯的背面貼上玻璃杯影。另一只玻璃杯作法亦同。

3. 製作綁繩

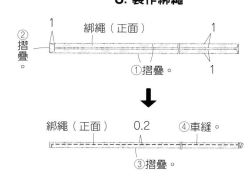

綁繩（正面）
②摺疊。
①摺疊。
1 1

綁繩（正面） 0.2 ④車縫。
③摺疊。

4. 接縫腰帶

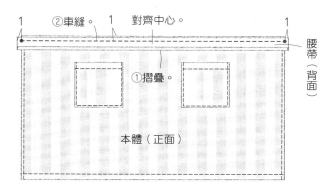

1 ②車縫。 1 對齊中心。 1
①摺疊。
腰帶（背面）
本體（正面）

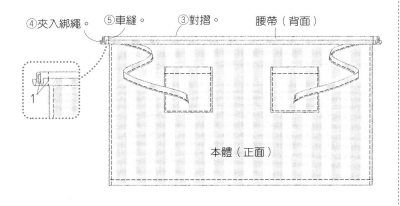

④夾入綁繩。 ⑤車縫。 ③對摺。 腰帶（背面）
1
本體（正面）

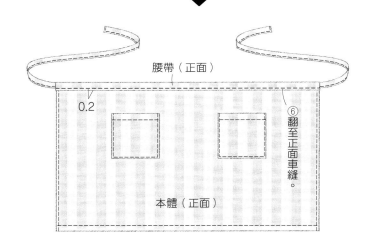

腰帶（正面）
0.2
本體（正面）
⑥翻至正面車縫。

裁布圖

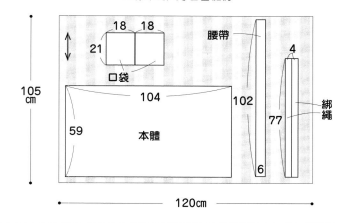

18 18 腰帶
21 4
口袋
105cm 104 102
59 77 綁繩
本體
6
120cm

1. 接縫口袋

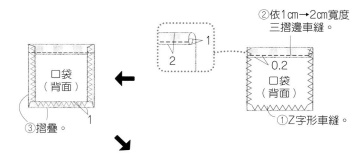

②依1cm→2cm寬度三摺邊車縫。
1
2
口袋（背面）
0.2
口袋（背面）
③摺疊。
1
①Z字形車縫。

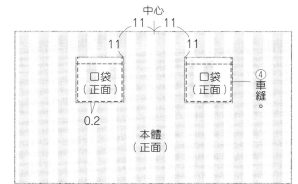

中心
11 11
11 11
口袋（正面） 口袋（正面） ④車縫。
0.2
本體（正面）

2. 製作本體

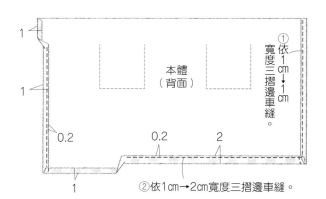

1
1
本體（背面）
①依1cm→1cm寬度三摺邊車縫。
0.2 0.2 2
1
②依1cm→2cm寬度三摺邊車縫。

雅書堂　搜尋
www.elegantbooks.com.tw

Cotton friend 手作誌
Winter Edition
2019-2020 vol.47

冬の風格選物
以印花布 · 絨布料 · 合成皮 · 環保皮草，
打造簡單就有型的魅力手作包

作者	BOUTIQUE-SHA
譯者	彭小玲 · 周欣芃 · 瞿中蓮
社長	詹慶和
總編輯	蔡麗玲
執行編輯	陳姿伶
編輯	蔡毓玲 · 劉蕙寧 · 黃璟安 · 陳昕儀
美術編輯	陳麗娜 · 周盈汝 · 韓欣恬
內頁排版	陳麗娜 · 造極彩色印刷
出版者	雅書堂文化事業有限公司
發行者	雅書堂文化事業有限公司
郵政劃撥帳號	18225950
郵政劃撥戶名	雅書堂文化事業有限公司
地址	新北市板橋區板新路 206 號 3 樓
網址	www.elegantbooks.com.tw
電子郵件	elegant.books@msa.hinet.net
電話	(02)8952-4078
傳真	(02)8952-4084

2019 年 12 月初版一刷　定價／ 350 元

COTTON FRIEND (Winter Edition 2019-2020)
Copyright © BOUTIQUE-SHA 2019 Printed in Japan
All rights reserved.
Original Japanese edition published in Japan by BOUTIQUE-SHA.
Chinese (in complex character) translation rights arranged with
BOUTIQUE-SHA
through KEIO CULTURAL ENTERPRISE CO., LTD.

經銷／易可數位行銷股份有限公司
地址／新北市新店區寶橋路 235 巷 6 弄 3 號 5 樓
電話／ (02)8911-0825
傳真／ (02)8911-0801

國家圖書館出版品預行編目 (CIP) 資料

冬の風格選物：以印花布.絨布料.合成皮.環保皮草，
打造簡單就有型的魅力手作包 / BOUTIQUE-SHA 授權；
瞿中蓮，彭小玲，周欣芃譯.
-- 初版 . -- 新北市：雅書堂文化，2019.12
　面；　公分 . -- (Cotton friend 手作誌；47)
ISBN 978-986-302-523-8(平裝)

1. 手提袋 2. 手工藝

426.7　　　　　　　　　　　108020176

STAFF	日文原書製作團隊

編輯長	根本さやか
編輯	渡辺千帆里　川島順子
攝影	回里純子　腰塚良彦　島田佳奈
造型	西森 萌
妝髮	タニ ジュンコ
視覺＆排版	みうらしゅう子　牧 陽子　松本真由美
繪圖	飯沼千晶　澤井清絵　爲季法子　並木 愛　三島惠子
	中村有理　星野喜久代
紙型製作	山科文子
校對	澤井清絵

SEE YOU NEXT EDITION!